北京自然观察手册

鸟类

张瑜　徐亮　著

北京出版集团
北京出版社

图书在版编目（CIP）数据

鸟类 / 张瑜，徐亮著 . — 北京 ：北京出版社，
2021.11
（北京自然观察手册）
ISBN 978-7-200-16449-7

I. ①鸟… II. ①张… ②徐… III. ①鸟类 — 普及读
物 IV. ①Q959.7-49

中国版本图书馆 CIP 数据核字（2021）第 119358 号

北京自然观察手册
鸟类

张瑜　徐亮　著

*

北　京　出　版　集　团
　　　　　　　　　　　　　　出版
北　京　出　版　社

（北京北三环中路 6 号）
邮政编码：100120

网　　　　址：ｗｗｗ.ｂｐｈ.ｃｏｍ.ｃｎ
北 京 出 版 集 团 总 发 行
新 华 书 店 经 销
北京瑞禾彩色印刷有限公司印刷

*

145 毫米 ×210 毫米 9.375 印张 233 千字
2021 年 11 月第 1 版　2022 年 7 月第 2 次印刷
ISBN 978-7-200-16449-7
定价：68.00 元

如有印装质量问题，由本社负责调换
质量监督电话：010-58572393

序

　　北京的大都市风貌固然令人流连忘返，然而北京地区的大自然也一样充满魅力，非常值得我们怀着好奇心去探索和发现。应邀为"北京自然观察手册"丛书做序，我感到非常欣慰和义不容辞。

　　这套丛书涵盖内容广泛，包括花鸟虫鱼、云和天气、矿物和岩石等诸多分册，集中展示了北京地区常见的自然物种和自然现象。可以说，这套丛书不仅非常适合指导各地青少年及入门级科普爱好者进行自然观察和实践，而且也是北京市民真正了解北京、热爱家乡的必读手册。

　　作为一名古鸟类研究者，我想以丛书中的《鸟类》分册为切入点，和广大读者朋友们分享我的感受。

　　查看一下我书架上有关中国野外观察类的工具书，鸟类方面比较多，最早的一本是出版于2000年的《中国鸟类野外手册》，还是外国人编写的，共描绘了1329种鸟类；2018年赵欣如先生主编的《中国鸟类图鉴》，收录1384种鸟类；2020年刘阳、陈水华两位学者主编的《中国鸟类观察手册》，收录鸟类增加到1489种。仅从数字上，我们就能看出中国鸟类研究与观察水平的进步。

近年来，在全国各地涌现了越来越多的野外观察者与爱好者。他们走进自然，记录一草一木、一花一石，微信朋友圈里也经常能够欣赏到一些精美的照片，实在令人羡慕。特别是某些城市，甚至校园竟然拥有他们自己独特的自然观察手册。以鸟类观察为例，2018年出版的《成都市常见150种鸟类手册》受到当地自然观察者的喜爱。今年4月，我参加了苏州同里湿地的一次直播活动，欣喜地看到了苏州市湿地保护管理站依据10年观测记录，他们刚刚出版了《苏州野外观鸟手册》，记录了全市374种鸟类。我还听说，多个湿地的观鸟者们还主动帮助政府部门，为鸟类的保护做出不少实实在在的工作。去年我在参加北京翠湖湿地的活动时，看到许多观鸟者一起观察和讨论，大家一起构建的鸟类家园真让人流连忘返。

北京作为全国政治、文化和对外交流的中心，近年来在城市绿化和生态建设等方面取得长足进展，城市的宜居性不断改善，绿色北京、人文北京的理念也越来越深入人心。我身边涌现了很多观鸟爱好者。在我们每天生活的城市中观察鸟类，享受大自然带给我们的乐趣，在我看来，某种意义上这代表了一个城市，乃至一个国家文明的进步。我更认识到，在北京的大自然探索观赏中，除了观鸟，还有许多自然物种和自然现象值得我们去探究及享受观察的乐趣。

"北京自然观察手册"丛书正是一套致力于向读者多方面展现北京大自然奥秘的科普丛书，涵盖动物植物、矿物和岩石以及云和天气等方方面面，可以说是北京大自然的"小百科"。

丛书作者多才多艺、能写能画，是热心科普与自然教育的多面手。这套书缘自不同领域的10多位作者对北京大自然的常年观察与深入了解。他们是自然观察者，也是大自然的守护者。我衷心希望，丛书的出版能够吸引更多的参与者，无论是青少年，还是中老年朋友们，加入到自然观察者、自然守护者的行列，从中享受生活中的另外一番乐趣。

人类及其他生命均来自自然，生命与自然环境的协同发展是生命演化的本质。伴随人类文明的进步，我们从探索、发现、利用（包括破坏）自然，到如今仍在学习要与自然和谐共处，共建地球生命共同体，呵护人类共有的地球家园。万物有灵，不论是尽显生命绚丽的动物植物，还是坐看沧海桑田的岩石矿物、转瞬风起云涌的云天现象，完整而真实的大自然在身边向我们诉说着一个个美丽动人的故事，也向我们展示着一个个难以想象的智慧，我们没有理由不再和它们成为更好的朋友。当今科技迅猛发展，科学与人文的交融也应受到更多关注，对自然的尊重和保护无疑是人类文明进步的重要标志。

最后，我希望本套丛书能够受到广大读者们的喜爱，也衷心希望在不远的将来，能够看到每个城市、每座校园都拥有自己的自然观察手册。

演化生物学及古鸟类学家
中国科学院院士

目 录

鸟类观察指导

观察鸟类的乐趣

鸟，可能是最容易让人与自然建立联系的动物类群。

鸟有飞行的本领，可以利用城市的上层空间，并见缝插针地出现在我们身边。虽然鸟的数量没有昆虫家族庞大，但它们的体形比绝大多数昆虫大多了，更容易引起人们的注意。

观鸟之初，我们常会被鸟类的华丽外表及丰富的多样性吸引，不禁感慨自然的神奇造化。当我们真正走近鸟类生活之后，又会惊叹于它们在行为和情感方面的复杂性，有争斗也有合作，有育雏情深也有贪食却又足智多谋，甚至还能与时俱进……

常言道"人有人言，兽有兽语"，常观鸟的朋友想必对此深有体会。

15年前，4月里的一天，我在北京德外关厢目睹了一场惊心动魄的喜鹊大战。当时，两只喜鹊在空中自东向西一路互相追赶着穿过公路上方。前面那只喜鹊仓皇而逃，不料中途突然"断电"跌了下来（可能由于过度紧张而疾病突发），"砰"的一声砸在我身前四五米处的地面上，瞬间停止了呼吸。胜利者完全不顾来往车辆，立于战败者身边高唱凯歌。随后，它的配偶赶来，扯着嗓子大声附和，和它一起庆祝胜利。

与战场上的嘶吼不同，喜鹊夫妇间经常会喃喃细语。曾有一次，我观察了一对喜鹊在树杈上零基础建房。它俩分工合作，一个往回运料，一个留守工地接过材料搭窝筑巢。每次交接时，它俩都要呢喃一番，像是在商讨着接下来的工程计划。就这样平稳地度过几轮后，由于"运料工"的一个失误，让它们之前的努力毁于一旦——搭好的材料都掉到了树下。"建筑工"瞬间发飙，一通急速的"吱扭"声涌出，连珠炮一般，像是在责怪对方的冒失。

鸟类远比我们想象的要足智多谋，它们很善于学习、研究周围的自然事物，对和自己生活相关的动植物谙熟于心。

在正式观察小鸊鷉生活之前，我一度认为它们无法捕到健康的

棕头鸦雀

碧伟蜓，只能"捡漏"捕获那些老弱病残的个体。不过，在随后持续的观察中，小鹏鹏用实际行动改变了我的看法。它们对这些空中舞者的习性了如指掌，一旦发现有碧伟蜓抱对飞行便立即展开视觉跟踪，确定其下落位置后悄然下潜，从水下径直接近，游到碧伟蜓停落产卵的位置后突然跃出偷袭。虽然未必一次就能成功，但反复几个回合后，总能有所收获。如果足够幸运，它们甚至能在冲出水面的瞬间直接得手。而当空中飞过黄蜻、玉带蜻等点水产卵的蜻蜓时，小鹏鹏却不感兴趣，甚至都不正眼看一下。因为，它深知碧伟蜓一抱对就要产卵，而且雌碧伟蜓要将腹部伸到水下来产卵，此时它们就有了发动攻击的机会。此外，小鹏鹏对自己的能力也有深刻认知，若从水面接近很难得手，于是转为水下潜行。

　　"人上一百，形形色色"，鸟亦如此。虽然同一种鸟有着诸多共性特征，但不同个体间，也会有脾气秉性与众不同的特殊分子。

　　2017年冬天，我有幸结识了一位机智的绿头鸭先生。它发现了一处鱼窝，想要独享。每次集体活动时，它都不动声色地混在鸭群中。等大部队朝着远离自己"鱼塘"方向前行时，它便悄悄退后，等同伴们游远了，它就掉头溜进鱼塘。每次扎猛子捉泥鳅前，它都仔细往水中低头打探，确定目标后才出击。这位鸭先生隔一小会儿还不忘看看同伴，若发现有其他鸭子注意到它，便立刻做出观望四周、若无其事的姿态，等"警报"解除后再恢复捕鱼作业，其"心机"可见一斑。

鸟类也会"与时俱进"，随着周围事物变化不断调整自己的生活方式，以适应新的环境。

2011年，一位朋友向我提及大斑啄木鸟凿墙的事儿。在那之前，我们都没留意过这类情况。那年春天，一对大斑啄木鸟在高层居民楼中部楼层外墙的保温层上开工了，我们并不了解它们这样做的真实目的，也不知接下来会如何。朋友隔几天给我发它们凿墙进展的消息，三个月后，一窝啄木鸟宝宝出飞了。随后，我们又在其他地方发现了类似情况，而且越来越多。前两年，有一对大斑啄木鸟在楼房上开洞的视频在网上流传开来，更多的人认识到了它们的开拓精神。其实，生活在城市里的大斑啄木鸟，一直关注着城市的发展并不断探索实践，以适应城市的环境，终于它们在新楼盘的保温层中发现了新天地。而且这样的行为还会有不断的后续效应，它们废弃的旧洞便是麻雀、灰椋鸟的新房，如此一来，更多鸟类在城市中便有了安家场所。

诸如此类的案例不胜枚举，鸟类的真实生活远比书本或纪录片中的内容精彩丰富得多。所以，观察鸟类的收获远不只是多认识几种鸟或目击种数的提高，以鸟为窗可以窥视动物世界，这会令我们大开眼界，对自然的认知会无限延伸，思维能力也会得到提升。

山斑鸠

认识鸟类的身体结构

　　鸟类有适于飞行的身体结构。鸟类身体上的羽毛不是毫无规律乱长的，它们有着各自的区域划分，不同羽区的羽毛在形态、功能上会有差异。了解鸟羽的分区，会让我们对一只鸟特征的描述更加标准化，查阅资料比对信息时也更为方便。

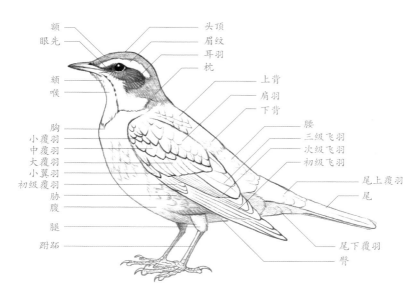

额
眼先
颊
喉
胸
小覆羽
中覆羽
大覆羽
小翼羽
初级覆羽
胁
腹
腿
跗跖
头顶
眉纹
耳羽
枕
上背
肩羽
下背
腰
三级飞羽
次级飞羽
初级飞羽
尾上覆羽
尾
尾下覆羽
臀

鸟羽分区

鸟类的翅膀和尾是主要的飞行工具，翅膀提供升空和前进的动力，尾负责掌舵。不同类群鸟的飞行技能各有特色，与之相对应，它们具有不同形态的翅膀和尾。

长而尖的翅膀适合长距离快速飞行。

短圆的翅膀爆发力强、短程加速快，但持续时间短。

长而宽大的翅膀启动慢，但很适合乘风翔翔。

不同形态的鸟翅

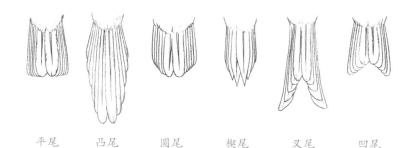

平尾　　　凸尾　　　圆尾　　　楔尾　　　叉尾　　　凹尾

不同形态的鸟尾

鸟嘴，学术上称为"喙"，是鸟类重要的觅食工具。鸟类演化出了多种多样的喙，以适应不同的食性及觅食方式。

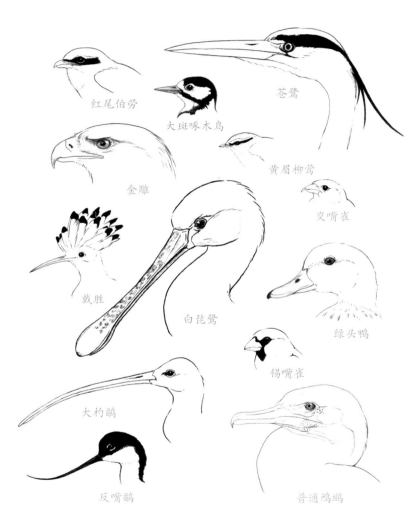

红尾伯劳

大斑啄木鸟

苍鹭

黄眉柳莺

金雕

交嘴雀

戴胜

白琵鹭

绿头鸭

锡嘴雀

大杓鹬

反嘴鹬

普通鸬鹚

不同形态的鸟喙

鸟类的足形态各异，与它们各自的生活习性相适应。猛禽的脚趾强劲、长有利爪，适合捕猎；鹭类脚趾细长、趾间又开角度大，趾跟有微蹼，适合涉水；啄木鸟的脚趾2前2后，适合攀爬；鸭子脚趾间有蹼，适合划水……根据鸟类脚趾的排列特点，可将其划分为不等趾型（常态足，脚趾3前1后）、对趾型（脚趾2前2后）、前趾型（4趾皆朝前）等。而蹼足根据蹼的形态，也能划分为满蹼足、全蹼足、凹蹼足、半蹼足、瓣蹼足。

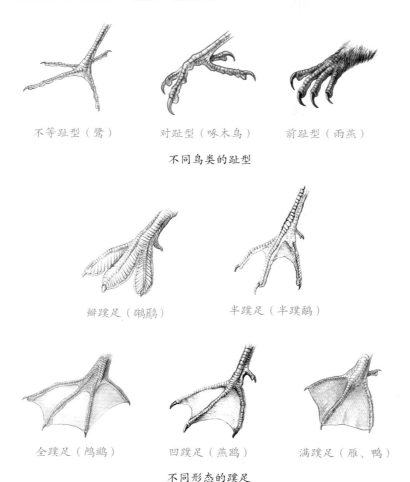

不等趾型（鹭）　　　对趾型（啄木鸟）　　　前趾型（雨燕）

不同鸟类的趾型

瓣蹼足（䴙䴘）　　　半蹼足（半蹼鹬）

全蹼足（鸬鹚）　　凹蹼足（燕鸥）　　满蹼足（雁、鸭）

　　　　　　不同形态的蹼足

名词释义

在鸟类学中，关于鸟的身体结构和生态信息，往往会有特定的专有名词指代，其中有些在我们鸟类观察的日常学习、资料查阅过程中也会经常遇到。为帮助读者更好地了解它们的含义，特此将本书后面章节中出现率较高的一些名词进行简要释义。

繁殖羽： 一些鸟类在繁殖期换上的比较鲜艳的羽态。

非繁殖羽： 成鸟在非繁殖期的羽态。

雏鸟： 出壳后至换上正羽之前阶段的个体，全身裸露或被有绒羽。

幼鸟： 雏鸟换上正羽后至首次换羽之间阶段的个体，羽色通常较成鸟繁殖羽暗淡。

亚成鸟： 有些种类的鸟从幼鸟发育为成鸟要经过多次换羽，这一阶段的个体称为亚成鸟。

成鸟： 参与繁殖且具备稳定羽态特征的个体。

翼镜： 一些鸟类次级飞羽常具有漂亮色彩和金属光泽（鸭类的翼镜非常突出），与相邻的大覆羽组成的图案常具有种类和性别的特异性，是比较重要的辨认特征。

夏候鸟： 春、夏季迁来本地繁殖，秋季迁至其他地方越冬的鸟。

冬候鸟： 秋、冬季迁来本地越冬，次年春季迁至繁殖地的鸟。

旅鸟： 迁徙季节途经本地的鸟。

留鸟： 一年四季均留在本地的鸟。

常见鸟类的不同生态类群

　　根据鸟类的结构特点和生态习性，可以将其大致划分为游禽、涉禽、猛禽、陆禽、攀禽、鸣禽，以及更为特殊的鸵鸟类和企鹅类，最后这两类在我国没有野生种群分布。

　　在实际观察中，有时在对照鸟类生态类群时会遇到困惑纠结的案例。比如白骨顶属于鹤形目，按其分类线索会归到涉禽，但它们足上长有瓣蹼，会长时间在水中游泳活动，直观上感觉属于游禽；再比如伯劳属于雀形目，生态类群上归为鸣禽，但其具有钩状的喙和锋利脚爪，以捕捉昆虫、小鸟为食，看起来更像猛禽……不过总体来说，个例通常是它们为适应独特的生活方式而在演化过程中产生的一些微小调整，多数鸟类还是有着比较鲜明的类群特征。了解了鸟类的生态类群后，在我们的观察中，即便遇到不认识的鸟，也能根据它所展示的一些形态特征和习性规律将其归入相应的生态类群中，为现场记录、事后检索等诸多环节提供方便。

　　游禽通常都很善于游泳，脚趾上长有用来划水的蹼，喜欢生活在有水环境，包括潜鸟、鸊鷉、鸬鹚、雁鸭类等。

　　涉禽通常是在水不太深的地方涉水而行，它们多数有着嘴长、腿长、脖子长的"三长"特征，包括鹭、鹤、鸻鹬类等。

猛禽拥有尖锐而有力的脚爪和嘴，以捕捉其他小动物为食（也有专食腐肉的类群，如兀鹫），包括鹰、隼、鸮（猫头鹰）等。

陆禽比较擅长行走，常在地面边奔走边觅食，包括各种雉鸡、鸠鸽类。

攀禽的脚趾不是常规的"3前1后"，多少有点变形，有2前2后的"对趾型"、4趾都向前的"前趾型"等。包括啄木鸟、杜鹃、翠鸟等。

鸣禽因鸣肌发达、歌声动听而得名，为鸟类中的雀形目成员，数量庞大，占了鸟类多样性一半左右。

观察鸟类需要哪些装备

　　进行鸟类观察需要什么装备？这个问题可大可小。轻装上阵时只带一双眼睛、一对耳朵即可；若要复杂，设备装满一后备厢也不嫌多。其实最重要的是保持一颗时刻留意观察的心。当然，对大多数人来说，进行常规的鸟类观察时，图鉴、望远镜和笔记本这几样东西应尽量配备。另外，随着数码技术的普及，相机（包括手机）也已成为重要配置。

1 图鉴

　　图鉴是鸟类观察的必需品，一本信息准确、图片美观的图鉴能让新手快速入门，同时也禁得起老手们反复精读推敲。此外，抛开实用功能，它也是一件视觉艺术品，单纯看图就能给人以愉悦享受。鸟类图鉴主要有绘图、照片、"绘图+照片" 3种类型，各有特色。无论哪种，品质越高越受欢迎。

　　绘图能巧妙地解决拍照时受光影、环境色、鸟类个体状态、角度等多种因素影响的问题，可以把关键信息直截了当地展示出来。不过，绘图图鉴也存在着插图质量良莠不齐的问题，一旦书中插图在表达信息、绘画技巧、形体把握等方面出现问题，便有可能会在使用过程中给观鸟者带来诸多不便。

鸟类照片会受诸多因素影响，但如果精心拍摄、修图，也可以在后期弥补一些缺憾。而且在数码时代，拍照比绘图操作起来相对容易一些，毕竟既能掌握纯熟画技又同时拥有足够鸟类知识的优秀画手并不多。所以，制作照片类的鸟类图鉴相对容易一些。

如果绘图、照片同时使用，便可相互取长补短，做出更高水准的图鉴。照片运用摄影语言烘托大气氛、展示真实鸟类生活；插图做细节对比解读，两者相得益彰。

2 望远镜

进行鸟类观察时，望远镜必不可少，它能有效地延长我们双目的焦距。大多数鸟都不会和观察者近距离接触，如果不借助望远镜，我们只能观其大形，而对细节无能为力。即便是一些整日混迹于闹市区的鸟，虽然早已对路人习以为常，有时甚至允许我们"贴脸"相望，但只要一飞起来，瞬间就会超出常人目力所及。

如何选购望远镜呢？简而言之，首先，观察者要必备一个 8～10 倍的双筒望远镜，这样掌握起来比较快，而且使用方便。随着观察次数的增多，可以酌情考虑增加一个高倍的单筒望远镜，它会让你在开阔环境中观察时少留遗憾。其次，购买的时候，尽量在自己经济条件能承受的范围内挑最好的。"一分钱一分货"的定律在光学仪器中体现得尤为充分，好的望远镜能让你少受光线、天气等因素的影响，带来更好的视觉享受。

3 笔记本

这里说的笔记本不是笔记本电脑，而是纯粹的"笔记"本，用笔来记录观察的所见所闻。笔记本的大小、款式没什么特殊要求，选择自己用起来方便的即可。

4 相机（包括手机）

此部分内容会在"如何做观察记录"中的"影像记录"处做具体介绍。

鸟类观察类型

近些年来，国内观鸟活动蓬勃兴起、参与人数陡增，甚至可以说观鸟已逐渐成为一项时尚活动。但真要说到"观鸟是在看什么"这个话题，可能绕来绕去最后会发现兴趣焦点大致相同，往往都集中于"种类加新"和"明星物种"这两项。

其实，自然观察是一个很广博的范畴，鸟类观察亦是如此，涵盖的观察类型十分多样，各个类型有各自的特点，之间也相互关联渗透。只是我们大多数非专业人员由于时间精力所限，闲暇外出观察时，"种类加新"和"明星物种"成为相对容易有所收获的选择。不过，如果有机会和意愿，不妨尝试着开拓一下领域，除了"种类加新"，也可以关注鸟类的形态细节、行为特点等，很可能会发现一个新世界。

当然，这不是一个孰对孰错、孰高孰低的问题，每种观察都有自己的优势和局限，最关键的是，要找到自己最喜欢、同时也是最适合的观察类型。这样，观察的热情才会长久保持，甚至不断升温。

1 种类观察

观察鸟种很容易让刚入门的新手快速获得成就感，"丰富多彩、琳琅满目"的鸟类世界确实非常抓人眼球。

但这种方式也相对容易饱和，为了观察新的鸟种，我们不得不四处奔走，去热点地区观察，看完本地的看外地的、看完本国的看外国的……

"种类加新"也有不同形式，有的人是将技能放在首位，仔细研究不同鸟种的识别特征，然后到野外去仔细寻找、辨认，取得成效后将个人目击种数更新。有的人则只是单纯为了增加目击种数，当下观鸟旅游火爆，去观鸟热点地区"打点"并不困难，但也容易造成兴趣疲劳，毕竟鸟种数是"有限"的。

2 形态观察

　　粗看起来，形态观察和种类观察并无大异，实则不然。虽然鸟种识别以形态外观的特征辨认为主，但通常情况下，我们认出一种鸟，并不需要熟识它所有部位，甚至有些鸟只需抓住两三个特征便能锁定其身份。而形态观察则有另一种套路，它会将焦点着眼于鸟类更多的细节，能让我们对一种鸟的形体、结构特征有更充分立体的认知。

　　举个例子，我们辨识喜鹊、麻雀这样的常见鸟，几乎不需要太多思索，因为它的特征太过明显。但如果只拿着它们身体某个部位的羽毛或一只脚来观察，便有可能会不认识它们了。如果做过细致的形态观察，解决这样的难题往往相对容易一些。诚然，对于鸟类形态的观察、观赏更多的可能是出于个人喜好，但这种观察带来的技能提升在实践中也用处甚多，比如可以鉴定一些鸟类残骸，通过一些食肉动物的"剩饭"来推测它们的"食物种类"，等等。这能给自然观察带来更宽泛的认知思路，也有助于提高兴趣。

3 行为观察

　　如果有机会观察鸟类的行为，那你一定会为之所吸引。相比种类观察而言，行为观察往往不用东奔西走，也忌讳东奔西走，它需要安静地欣赏，只有这样，鸟才能更自如地活动、展示自我。此外，行为观察通常也需要花更多的时间，我们必须勇于打破常规的观察习惯和计划安排，跟观察对象的活动节律保持一致，这样才能对看到的情况加以甄别，区分偶然性和规律性，对鸟类行为本质有更为深刻的认知。

　　鸟类行为包括觅食、求偶、育雏、争斗，等等，每种行为里又可能包含多种模式，所以这样搭配起来几乎有无限种组合形式，非常有意思。

雄性绿头鸭求偶舞蹈中的 3 种典型舞姿

冬季，绿头鸭在北京各大公园十分常见。通常，我们路过湖面看到绿头鸭后记录下目击鸟种，然后便继续前行。实际上，这个季节里绿头鸭会展开花样繁多的求婚舞蹈，还会发出口哨般的叫声，一点也不像平时的"嘎嘎"叫。不过，这些活动只在每天一小段时间里上演，采用常规的观察方式很容易错过。如果多花些时间，在湖边做一次全天候观察，就有机会看到雄鸭们奇特的舞姿。

4 生活史观察

　　这是一个没有穷尽的观察类型，即便是对家门口的某种常见的鸟类，如果观察其生活史，也可能耗上一辈子都不会有"饱和感"。所以，如果你确实对身边某种鸟的生活史感兴趣，那要恭喜你，你收获了一种最"廉价"的观鸟方式。无须远行也少受节假日所限，年复一年，寒来暑往，时间久了，所观察的鸟已经不单单是观察对象的身份，更像是一个老相识、老邻居，看它们出生、成长、相貌变化、成家立业、子孙满堂、新老交替……生生不息。

　　鸟类生活史观察需要在单一物种（家庭）身上投入大量时间，这看似枯燥，而一旦执行起来你便会发现，即便是身边再普通不过的麻雀，它们的生活也同样丰富多彩。

①春天，不同麻雀家庭之间会为了争地盘（巢址）而大打出手。

②一旦选定巢址，夫妻俩便会合作叼草筑巢。

③与此同时，便开始交配准备生蛋。

④麻雀的巢通常在房檐下或空调管道的小洞中。雏鸟早期比较难观察，不过随着它们长大，很快就会挤在家门口嗷嗷着找家长要吃的。

⑤雏鸟出飞后，依然需要爸爸妈妈照顾一段时间。

③ ④ ⑤

⑧

⑥这个阶段的雏鸟处境比较危险，很容易遭到喜鹊等天敌的捕捉。不过，喜鹊也有一堆孩子等着喂养呢。

⑦在进行生活史观察时，各种行为观察也在其中。比如，观察麻雀的"沙浴"行为。

⑧我们也可以抓住一些难得的机会进行其他方面的细节观察。比如雪后观察麻雀时，等它们离开后，可以去刚才它们活动的位置查看爪印的形态、大小、步距等。有了这些观察结果，便可以对麻雀爪的结构、行走方式等有更立体的认知。

如何做观察记录

俗话说"好脑瓜不如烂笔头"，记录是自然观察的重要环节。人们常会对自己的记忆力太过自信，我自己就曾如此。然而，当我偶然间翻开以前的日记，重温几个我多次跟别人吹嘘的传奇经历时，却发现事情始末和我的记忆大相径庭，现实版的《咕咚来了》在我身上发生了。所以，想真真切切了解自然，每次观察时的记录必不可少。常言道"读书百遍，其义自见"，鸟类观察也是如此，看多了之后，将每次的记录串起来分析，很多问题便迎刃而解。

1 文字、语音记录

文字或许是大多数人首先想到的鸟类观察记录方式。的确，文字几乎不受时空等客观因素和个人技能的限制，小学三年级的学生都能熟练使用常用汉字记录事件。我有一个体会，在做自然观察的文字记录时，尽量采用客观描述性语言，也就是大白话，这样的好处是能够最大限度地减少个人情绪和思维判断的倾向。因为我们见到的自然现象可能其内涵意义很难在有限的几次观察中收获真解，过早地加以描写和判断有可能让误判的概率提高。针对一些疑问、困惑以及自己的猜测，则要单独另附记录，这些都是日后观察要重点留意的方面。

文字固然有其普及性的优势，不过相对来说，执行起来需要手、眼、笔（键盘）、脑的配合，这项工作在室内可能会完成得更为充分，而在观察现场，有可能出现因文字记录而耽误、影响观察的情况。此时，做现场语音记录会更为便捷。现在，手机录音功能非常方便。几年前，我在做鸟类行为观察时开始尝试语音记录，之后便屡试不爽，确实非常高效。

2 影像记录

使用文字记录好像有些过于单调，人们如今似乎更热衷于影像记录。这在以前胶片时代真是难以想象，那时胶片相机效率较低、投入消耗大，不适合推广普及。

如今，数码相机和手机拍照功能的普及让影像记录在自然观察中的比重陡然提升，甚至成为主流。当记录形式升级为"目击 + 影像记录"后，比过去单纯的"目击记录"更有说服力，能够有效地避免一些误判，也为日后就一些争议性内容的"二次断案"留下了素材线索。

不过，拍摄的习惯化也会带来一些负面影响。比如"看了就想拍"，这种心态未必是个例，据我观察它有一定的普遍性。起码就我个人而言，对这点深有体会，一度觉得不拍下就亏了、不拍了发朋友圈怎么行……然而，没过多久我便产生了厌恶感，拍下的一大堆重复内容霸占着硬盘空间，刚开始步入自然观察的乐趣似乎也渐渐淡去。我决定试着咬牙戒掉"拍瘾"，很快便发现身边的自然还是当初那个让我心动的自然，慢慢地，又重拾起初心。因此，我常跟别人讲，当你能做到不想拍的时候，往往会发现更多、更精彩的自然。

人的精力是有限的，随着在拍照上消耗的精力增多，势必会削弱在观察方面的投入。在出行中，当你拿起相机想尽办法将看到的一只鸟、一朵花、一只虫记录清楚的时候，自然中更多的精彩也正在被你错过。而且，过多的拍摄常常会影响自然观察的进程，每次记录时"模特"都是"强颜欢笑"的状态，久而久之你就会发现，记录的内容千篇一律，而"模特"生活中真正的亮点却被掩盖，这也有可能降低观察的兴趣。

讲述这些，并不是说我们要在观察过程中放弃拍摄，而是要尽量理性，放弃不必要的拍摄，将更多的注意力放到拍摄对象生活本身上来。因此，我们最好在出行前就试着确定规划，安排好相机将要担任的角色。常言道"鱼和熊掌不可兼得"，观察、拍摄亦是。

具体拍摄哪些内容，其实并无太多定式，但要明确自己的需求。

2.1 物种打卡：这可能是大多数自然爱好者在观察过程中进行拍

摄的主要目的，即对看到的物种进行记录，这跟过去相机不普及时，外出观察用笔记下所看内容类似。因为只是打卡，所以没有必要非得使用特别高端的设备，带一个轻便的相机足以满足大多数情况的打卡需求。一路走走看看，不时停下来拍两张，完全不影响整体行程，也不会过多打断观察进程，是一个非常不错的观拍方式。需要注意的是，要时刻提醒自己"没拍到也无妨"，不要为了一张照片耽搁了整个观察进程，前面会有更好的风景！

随拍雄鸳鸯

为雄鸳鸯拍肖像照

　　2.2 肖像拍摄：肖像照看似平淡无奇，实则非常难拍，要有完美的光线条件，"模特"要有好的身体状态，还要配合拍摄者，同时满足以上三个客观条件的机会凤毛麟角，也正因如此，时至今日，手绘图鉴的优势依然十分突出。综合考虑，拍肖像更适合作为物种记录过程中的一个加分选项，如果有合适的机会便顺手拍摄，否则，除非专业摄影师，大众记录完全没有必要在这方面消耗过多精力。

2.3 行为记录：对于观察者来说，行为记录可能是除了物种打卡外，最有价值的记录，比如记录鸟类的觅食、求偶、争斗，等等。对鸟类行为的记录或许最初只是单纯觉得好玩便拍了下来，并不了解其深层含义。不过有了这个兴趣之后，如果能持续关注，便有机会在多次观察中慢慢找到其中的规律，对鸟类的行为意义会有更深一步的了解。然而，行为记录有时容易对观察对象的正常行为进程造成影响，所以最好是在距离较远的地方，或是鸟比较习惯游人往来的环境（比如公园、街区等）做单纯性的记录。对于郊区等人较少出现的野外环境，鸟可能见到人停下来便会"心生芥蒂"，行为记录的难度也非常大。此外，如果只是间断性地记录鸟类行为，很容易造成误导。因此，想把记录到的内容看得更加明白透彻，还需要进一步长期的观察，必要时采用视频拍摄。现场留下的视频资料能更准确客观地记录整个观察过程，可以在一定程度上弥补人眼记录带来的片断化问题，日后做一些行为分析时也能派上用场。

雌雄鸳鸯亲昵行为的普通记录与精心拍摄对比

2.4 艺术创作：把照片尽量拍得美一些似乎是天经地义的事，所以这方面没有必要过多地讨论。不过请注意，一张好看的照片背后可能是若干小时的等待，而且很大概率迎来的是一次次的失败。如果不是以摄影为主要目的，这样的投入是否有必要？这个问题值得观察者自己深思。

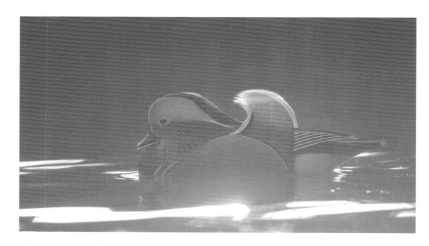

夕阳西下，低色温的日光洒在湖面上，此时一只雄鸳鸯刚好游过，遮住大部分刺眼的光线。逆光望去，画面气氛十分温馨浪漫。然而，这样的机会可能很多天未必能赶上一次。

3 手绘记录

说到手绘记录，可能会让一些人望而却步，认为自己没有绘画基础无法执行。其实大可不必担心，我们不是要画一幅画，而是用简单的绘画语言为自然记录服务。

很多时候，眼睛是捕捉信息最多、对焦最快的"镜头"，眼睛将这些信息传给大脑，然后大脑再支配手画下来，这个过程远比大脑支配手去操作相机，再去寻找、按动快门捕捉来得自如，而且这样更容易成功，记忆也会更为深刻。

一旦开始拿起画笔进行现场观察记录，你就会发现，在某些时候，如果要记录一些鸟类行为，即便没有什么绘画基础，用画笔简单地勾画也会比用文字描述来得轻松，而且更为具象。比如，用个圆圈代表观察的某只鸟，配合一条带有箭头的折线展示它移动的路线，这样很轻松地就能把它的活动轨迹记录清楚，远比写上几十个字省力。要是能在勾画出的图像上再辅以简要的文字说明，几乎可以算是最为精妙的自然记录了。

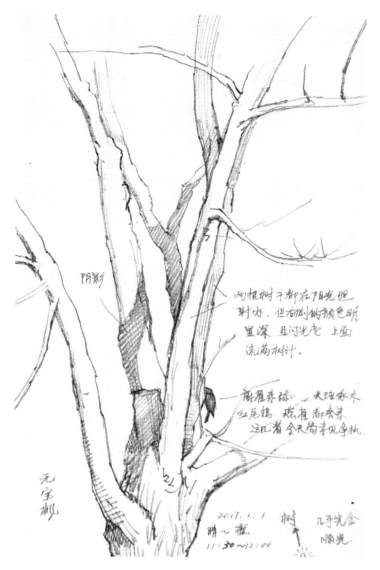

阴影

两根树干都在下日光照
射内，但右侧的颜色明
显深，且闪光庖 上面
流满树汁。

麻雀亲临 大理家木
红尾鸲 燕雀 都会来
这几者 今天尚未见争执。

无宝枫

红

2017.1.1
晴～雹
11:30～12:00

树

几乎完全
顺光

这两张图记录的是几种鸟在取食元宝槭树汁时的相互关系，以及流有树汁的
枝条和其他枝干在形态上的差异。最有趣的是一只强势的红尾鸲，它排斥所
有同类个体靠近它占领的"蜜源"，而对其他鸟种倒不太在意，小个子的麻
雀、燕雀只要不靠它太近就可以，它和体形相当的大斑啄木鸟也没什么争端。

025

不过后来，红尾鸲在横枝上休息，大斑啄木鸟则按着自己的节奏攀树，眼看两者越来越近，接下来会发生什么？会不会有争斗？结局很有戏剧性，似乎有点像"小孩儿斗气"。大斑啄木鸟在距红尾鸲30厘米左右的地方停下了，似乎不知下一步该怎么走，而红尾鸲则将头转到了另一侧，难道是在假装看不见？这些内心活动我不得而知，但对这些现象的描述，日后积累到一定程度就可能会找出其中的规律。大斑啄木鸟停留了约1分钟，最后还是没有继续攀登，掉头飞走了。

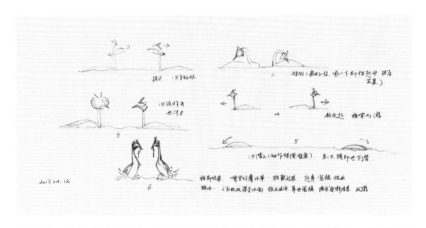

在现场，用简单的速写记录凤头䴙䴘求偶舞蹈的步骤、动作特点，并当即配以简短的文字说明，以防事后记忆模糊。通过这种记录方式，让我对凤头䴙䴘的求婚过程印象非常深刻。

鸟类观察注意事项

1 自身安全

　　在自然状态下做鸟类观察，安全始终是第一位的，其中观察者自身的安全尤为重要。常言道"走路不看景，看景不走路"，观察鸟类同样如此。另外，面对多变的地形、气候和其他不可控因素时，最好不要拿自己的安全做赌注涉险，小心谨慎些总是好的。而且，观察条件、观察姿态舒适了，我们才能将更多的精力投入到观察本身当中。

2 观察对象安全

　　除了保护自己，观察对象的安危也是十分值得关注的方面。通常情况下，保持距离就是保证观察对象安全的最好方式。不同鸟种、不同个体都会有自己的安全距离。通常来说，个体越大的鸟安全距离越远；猛禽比食谷鸟的安全距离更远；身边常见的鸟因为习惯了人类存在，对人的容忍度相对更高；在食物匮乏期，比如冬季，鸟相对更容易接近；繁殖期里，在巢区的鸟更为敏感……

　　除了观察距离，还要注意观察（拍摄）者的人数，这是一个从量变到质变的过程，同样的距离，一个人和几十个人给鸟带来的压迫感是完全不同的。所以，尽量避免聚集扎堆。在鸟类的繁殖期更是如此，大规模的围观（拍摄）很容易造成鸟因紧张而弃巢。即便是繁育后期，它们因子女已然"成形"而不舍放弃，壮着胆子暴露在众人视线之下，看上去好像是正常的生活节奏，实际早已"怒火中烧"。类似情况很可能让它们在原址繁殖变成一锤子买卖，以后便少有光顾了。另外，观（拍）鸟类繁殖时保持距离，也是对观察者自身安全的保护——遇到一些攻击性强的鸟种，若离巢过近，它们轻则用恐吓声、粪便"伺候"，严重时直接"爪牙"相对。

从巢中掉落到地上的灰喜鹊雏鸟

3 遇到落难（落单）个体怎么办

　　在鸟类繁殖期，观察期间免不了会遇到落单或掉在巢外的雏鸟。此刻，爱心会本能地驱使我们想要做点什么。其实，大多数情况下，我们无法分析眼前的情况是否需要伸出援手。更麻烦的是，即便我们出手相救，也没有能力真正帮上忙。真正动起手来就会发觉，即便是救助指导上一个看起来再简单不过的操作，也足以把没有经验的人搞得怀疑人生。所以，拨打救助机构的电话是最好的选择，让专业的人来办专业的事。除此之外，有时我们外行能做的也就是诸如把落在路中间的雏鸟请到路边，让其远离车辆威胁，再赶走周围的流浪猫之类的事。至于其他，狠狠心交给自然吧，毕竟雏鸟的淘汰也是自然选择的一部分。

在北京可以去哪儿观察鸟类

　　北京是现代化的大城市，城区车水马龙、高楼林立，郊区人口要少得多，取而代之的是越来越多的自然元素。而且，北京的地形十分多样，与之相配的是多种生态系统类型：平原林地、灌丛、沼泽湿地、山林、峭壁、石滩……这样丰富的环境资源也承载了纷繁多样的鸟类类群，加之北京又地处我国鸟类迁徙东部通道附近，春秋季过往旅鸟众多，这些因素成就了北京十分富饶的鸟类资源。

　　即便在城市中心区域，北京一样有着丰厚的自然景观，市区公园众多、植被丰富，成为一座座相互关联的生态小岛。一些古代大型园林中更是古木参天、密树成林，有的还拥有大型湖泊湿地，构建出了丰富多样的鸟类栖息环境。近些年来，市民的保护意识显著提高，许多公园、景区都有了自己的明星鸟：颐和园的凤头䴙䴘、北海公园的普通秋沙鸭、玉渊潭的鸳鸯、望京楼迁飞的猛禽等，不胜枚举。

北京科技馆前的龙形水系，夏季常有鹭类来觅食。

那么，在北京都可以去哪里开展鸟类观察呢？这个问题很难界定，如果不是专门去看某个目标鸟种，鸟类观察完全可以渗入到我们生活中来，从身边做起。夸张一点说，"一年去365个地方观鸟"和"一年在一个地方观察365天"相比较，除了单纯的鸟种数指标外，后者在其他方面的收获未必会比前者少。越是我们觉得了解的鸟种越容易被忽视，有时我们觉得已经足够熟悉它们了，而实际说起它们的具体身世，才发现我们根本无从谈起。而且，身边的物种也更方便投入时间进行长线观察。这种持续的观察，可以开拓我们的认知领域及思路，对所见自然现象的理解也会更进一步，所以非常鼓励大家在没有条件远足的时候，别忘了将视线投向身边的鸟种，去探索发现它们的家事。

除此之外，在北京可以见到哪些常见、有特色的鸟种？我们可以在什么环境中找到它们？等等问题，在接下来的章节中会就具体鸟种做详细介绍。

北京鸟类

小䴙䴘 *Tachybaptus ruficollis*

别名　水葫芦、王八鸭子

分类类群　䴙䴘科 小䴙䴘属

形态特征　小型游禽，全长23～28厘米。雌雄相似。整体近球状，在水上游泳常被人误认为鸭子，实际比鸭子小得多，且嘴尖。繁殖期头颈黑褐色、脸侧及颈侧棕红色，嘴角黄色，眼睛虹膜黄色，凭这几点足以判断。非繁殖期颜色浅得多，头颈部的棕红色区域变为浅棕色。雏鸟身上有黑色条纹，头颈部的尤为突出。

实用观察信息　全年可见，可能几种居留型都存在，极常见，几乎在有水的环境都有分布。

繁殖羽

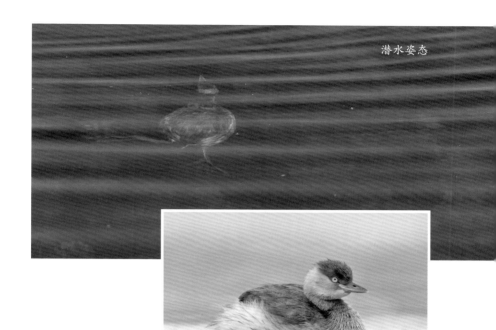

潜水姿态

非繁殖羽 ▶

　　和其他䴙䴘一样，小䴙䴘因足的活动范围只局限在身体后端，所以在陆地行走能力非常弱，但在水中却是游泳、潜水能力俱佳。它们适应性非常强，在几乎有水面的地方就有分布。小䴙䴘主要捕食动物性食物，平时多看到其潜水捕鱼虾，其实水蚤、负蝽、摇蚊、蝌蚪等水生动物都会出现在它们的菜单上。

　　冬季，几乎只要有不冻的水面就会有小䴙䴘栖息，它们常会聚成规模较大的群体，不过群体内部为了食物争抢明显，组成对的个体相对活动更紧密一些。春季，它们四散开，各自划分领地，并开始用水草筑巢。小䴙䴘的巢多依附在水中的挺水植物上，这是它们用从水面和水下搜集来的水草、落叶等堆积而成的，巢可在一定范围内随水位变化而升降。此外，它们也可以在开阔水面搭建完全独立的漂浮巢。

◀ 孵蛋过程中，亲鸟
时常起身翻蛋。

亲鸟将孩子们背在 ▶
翅下加以保护。

小䴘䴘夫妇会轮流孵卵。由于它们从第一枚卵产出后便开始孵化，所以雏鸟出壳先后间隔较长。通常一窝五六枚卵，最后一只雏鸟出壳时，最先孵出的那只已有它两倍大。育雏初期，一只亲鸟会守在巢中继续孵化，同时将已出壳的雏鸟护在翅下，另一只亲鸟负责觅食，隔一段时间两只亲鸟换岗。等雏鸟全部孵出后，若气温较高，亲鸟会相应增加同时离巢觅食的时间，有时也会背着小娃、领着大娃举家出动。随着雏鸟长大，全体出动的时间会增加。通常，雏鸟一个半月大就能独立。如果年景好，亲鸟还会继续孵化第二窝。直到 9 月末，依然能见到有亲鸟带着刚出壳雏鸟觅食的情况。

　　观察小䴘䴘时，尽量别被它牵着鼻子走，虽然它很少惊飞，但对人还是保持警惕的，如果过近它就会潜水远离一段。人如果一直跟着，它就很难平静下来。人若在岸边静止不动，它们习惯了之后便会小心靠近过来。即便再大的湖面，小䴘䴘觅食时也会倾向于在靠近岸边的浅水区，所以只要耐心等待就有机会近距离观察。

育雏中

凤头䴙䴘 *Podiceps cristatus*

别名　浪里白

分类类群　䴙䴘科 䴙䴘属

形态特征　中型游禽，全长 51 ~ 58 厘米。雌雄相似，繁殖期头部有明显的深色羽冠，脸侧有"棕红—黑"配色的大围领，很好辨认。非繁殖期头饰褪去，头顶黑色，身体羽色也变淡，颈部、胁部都为白色，游泳吃水较深，远看时白色的长脖子非常明显。

实用观察信息　夏候鸟、旅鸟，3 月至 11 月可见，也有极少数个体在此越冬。凤头䴙䴘栖息在相对比较大的湿地生境。

　　凤头䴙䴘的习性和小䴙䴘有些相似，都喜欢潜水觅食，它们会在水面利用水草枝叶搭建浮巢。不过，它们在北京的繁殖分布不如小䴙䴘普遍。凤头䴙䴘更偏好较大的水域，一些局部区域内数量倒是不少，甚至比小䴙䴘多。可能两者之间有一定竞争，而凤头䴙䴘体大占优势，也可能是因为开阔水域对小䴙䴘来说并不是特别理想的繁殖场所。

　　离北京市中心较近的颐和园是观察凤头䴙䴘繁殖最理想的地方，

情侣间的甩头舞 ▶

人可以较近距离观察，凤头䴙䴘的数量也较多。每年 2 月，它们就
会陆续抵达颐和园开始占区，5 月陆续能见到各家中的一只亲鸟背着
孩子在水面游荡，另一只负责觅食，过一会儿互换角色。在迁徙季节，
凤头䴙䴘有可能出现在各处较大的水域，即便在市区公园的湖面，
也会有凤头䴙䴘在距离岸边较远的地方游泳觅食。

普通鸬鹚 *Phalacrocorax carbo*

别名 鱼鹰

分类类群 鸬鹚科 鸬鹚属

形态特征 中型游禽，全长 70 ～ 90 厘米。雌雄相似。通体黑色、闪蓝绿色光泽，成鸟繁殖期脸侧有白色丝状羽，下胁具白斑。幼鸟体羽偏褐色。

实用观察信息 每年春秋两季（3 月至 5 月，9 月至 11 月），迁经北京。普通鸬鹚较少大群出现在市区公园的湖面上，不过经常能看到它们排成"一"字形或"人"字形迁飞经过市区上空。在近郊和远郊的水库湿地，比较常见。

普通鸬鹚常集群活动，潜水捕鱼的能力超强。过去，渔民常养鸬鹚来帮助捕鱼。现在，这样的活动更多出现在一些湿地景点，作为一个传统渔业方式来展示。二三十年前我在天津生活时曾有幸目睹白洋淀渔民到海河放鸬鹚捕鱼的盛况，若非亲眼所见，很难想象

排队飞行

一条小木船上 10 只鸬鹚，一下午能捉百余斤鱼。而且，有时几只鸬鹚合作，能捉住半米多长的大鱼。

虽然清代的严辰先生描写北京是"陆居罗水族，鲤鱼硕大鲫鱼多"。但实际上，即便是当年的北京，除了东部通州、顺义一带沿运河与潮白河地区外，专业渔民很少，驯养鸬鹚捕鱼的就更是凤毛麟角了。驯养的鸬鹚可以自然孵化育雏，但更多的是利用家鸡或家鹅代为孵化，人工育雏。最近几年，北京街头有商贩专门叫卖"鱼鹰蛋"，想必是取自家养鸬鹚。

普通鸬鹚游泳时身体吃水较深，远远看去，常常只露得头颈，背部在波浪中时隐时现。捕鱼时，它们常接连下潜，刚露出头换气就立刻又扎入水中，场面非常激烈。普通鸬鹚翅膀羽毛的防水性较差，所以它们在水里忙活一阵后，常会站在水边石头、树杈等地方上，然后站立着打开翅膀晾晒。

苍鹭 *Ardea cinerea*

别名 长脖老等、灰鹳

分类类群 鹭科 鹭属

形态特征 大型鹭类，全长 90～100 厘米。周身苍灰色，下体颜色较淡，大长嘴黄色很醒目，头后有两根黑色"小辫"，颈前缀有黑色纵纹。幼鸟羽色较成鸟深，头后小辫不显著。

实用观察信息 北京市区较为少见，在近郊和远郊湿地，苍鹭是比较常见的鸟，每年 3 月至 11 月，都能见到。冬季有少量留居市区或近郊的不冻水域附近。

　　苍鹭飞行时翅膀翼展宽大，初级飞羽叉开，常被人误认为是猛禽。其实，虽然远观硕大，但苍鹭属于比较细瘦的鸟，收拢翅膀后身型就没那么抢眼了，体量靠大长脖子加分。苍鹭白天多在水边草丛中或大石头上缩着脖子休息，晨昏较为活跃。觅食时，苍鹭经常在一个地方伸着脖子静止呆立，故得名"长脖老等"。发现猎物后它会

捕猎中

低身扭头注视，时机成熟时突然将头部弹射出去扎入水中，抬起头后嘴里往往就叼着或插着鱼了。

每年3月，苍鹭开始繁殖，在北京一些近郊河流池塘附近的大树上，它们集群繁殖，有时一棵树上会有十几个苍鹭巢，非常易于观察。近些年来，苍鹭也变得越来越"不怕人"。在一些公园的湿地中，鱼虾等食物丰富，常有苍鹭光临，有时甚至无视岸边穿梭的游人。夜晚，苍鹭活动也非常频繁，特别是在冬季，借助隐隐天光，常能看到苍鹭飞抵湖区冰面，然后走到有活水的地方伺机捕鱼。

在过去，人们还没建立起科学的分类知识，苍鹭在北京当地又被称为"灰鹤"（这里鹤读作 háo）。《清宣宗实录》中记载了道光皇帝的一道谕旨，当中提到"（天坛）所有树株多有灰鹤结巢及高处枯干，恐伤旁枝之处，俱不准锯钐"，虽然皇帝的初衷考虑的是皇家祥瑞，但这客观上也为保护苍鹭的繁殖起了重要的作用。随着城市化的发展，市区已很难见到苍鹭繁殖的场景了，距离市中心较近的一处苍鹭繁殖地是在奥林匹克森林公园东侧的高大杨树上，有机会可多留意观察。

大白鹭 *Ardea alba*

别名 白老等

分类类群 鹭科 鹭属

形态特征 大型鹭类，全长 82～100 厘米。雌雄相似。通体白色，嘴裂伸至眼后。繁殖期嘴黑、眼先绿色，颈下和背部有长的蓑羽。非繁殖期嘴和眼先变黄，身上蓑羽消失。大白鹭站立时，长脖子特别突出，弯折成 "S" 形时，拐角处像骨折了似的。

实用观察信息 主要为夏候鸟和旅鸟，少量个体在此越冬，但不好判断是否为留居个体。随着水田种植结构减少，大白鹭数量有所下降，不过也有一些个体逐渐适应了新环境，在一些公园湿地能经常见到。

　　大白鹭个头和苍鹭差不多，也能适应较深的水域环境。在北京市区生活的大白鹭，经常会到公园湖区或景观河道捕捉人们放养的草金鱼，有的个体还学会利用"诱饵"——看到有游人用面包喂鱼便凑过来耐心等待，等游人扔下面包后，草金鱼纷纷过来抢食，它便趁机捕捉。

繁殖羽

大白鹭嘴裂伸至眼后，繁殖过后开始向非繁殖羽态过渡，嘴颜色变黄。

白鹭 *Egretta garzetta*

别名　小白鹭

分类类群　鹭科 白鹭属

形态特征　中型涉禽，全长 52～68 厘米。雌雄相似。通体白色。繁殖期头后有两根细长的白辫，下颈及背部有许多长的蓑羽。非繁殖期无白辫和蓑羽。跗跖黑色、脚趾黄色，这个特征让它很容易与其他白色鹭类区分开。

实用观察信息　三十年前，北京的白鹭非常多。在海淀区，"一行白鹭上青天"是夏季特别常见的景观，后来随着农田、鱼塘等湿地的减少，它们的数量有所下降。好在白鹭适应性很强，哪里有新的合适生境出现，它们很快就会过去扎根。如今，在一些湿地公园、水库，白鹭依然普遍。有零星个体在冬季会留居北京，通常住在食物"过剩"的地方，比如在动物园水禽湖蹭吃蹭喝。

　　白鹭觅食的时候，很少像苍鹭那样长时间原地驻守，而是喜欢在浅水里转悠，或在溪流汇聚处、河口等有水流的地方等待或蹚走，有时还会用脚搅起水底沉淀物，趁机不停地低头啄起被惊扰的鱼虾。

繁殖期，白鹭头后的
"小白辫"很明显。

观察白鹭，可以在其常去的水域定点观察，它们并不太怕人，只要
人没有大动作，它们就会自如活动。

繁殖期里，白鹭会在树上用树枝搭建简陋的巢。如果发现它们
集中繁殖的地方，请保持一定距离安静观察，如果距离过近免不了
会使其受到惊扰，而且树下时不时会有粪便洒落，比较"危险"。

白鹭脚趾为黄色，飞行时很明显。

池鹭 *Ardeola bacchus*

分类类群 鹭科 池鹭属

形态特征 中型涉禽，全长 38 ～ 54 厘米。繁殖期头颈棕色、背蓝灰，余部白色。非繁殖期头颈淡黄褐色、具棕色纵纹，背棕灰。

实用观察信息 夏候鸟、旅鸟，4 月中旬至 10 月初可见。喜欢植被丰富的水域，受自身体形和行为特点所限，基本不出现在深水区域。

繁殖羽

以前北京水田、荷塘比较多的时候，池鹭是那里的常客，在村头、路边的排水渠里都很常见。随着农耕湿地的减少，现在它们更多是在公园荷塘及郊区湿地挺水植物比较茂密的区域活动觅食。

池鹭主要捕捉鱼、虾、蛙等水生动物，也吃昆虫。觅食方式以"缓慢地走走停停 + 定点等待寻找"相结合为主。它们常踩着植物枝叶一边缓步前行，一边左顾右盼地觅食，一旦发现目标便停下来注视，瞅准时机出击。有时它们会非常专注地盯着水面，对路边过往车辆、行人都不太在意。

非繁殖羽

夜鹭 *Nycticorax nycticorax*

别名 夜洼子、星洼子（亚成鸟）

分类类群 鹭科 夜鹭属

形态特征 中型鹭类，全长 48～58 厘米，休息时缩着脖子站立，身体呈驼背状。成鸟头顶至背部蓝灰色，头后有 2 条很长的白色"小辫"，下体灰白色，虹膜红色。幼鸟周身暗褐色，满布浅棕色、白色斑点。

实用观察信息 每年 3 月至 10 月，在北京各处的湿地都能见到，夏季尤其易见。冬季有少量留居市区和近郊的不冻水域附近。

以前，北京农田、沟渠较多的时候，夜鹭是非常常见的夏候鸟。傍晚天空中常能见到排成"人"字形或"一"字形飞行的夜鹭群，它们少则三五只，多则十几只，常被人误认为是雁阵。随着农田环境的缩减，夜鹭群体规模日益萎缩。不过，这些鸟适应性很强，又逐步找到了新的生活方式。比如，到动物园水禽湖去蹭饭，随后大

规模入住，最后成为该处常住居民。有时在市区繁殖的夜鹭过多也会带来麻烦，它们喜欢在树上集群营巢，树下会遍布其排出的白色腥臭粪便，有时还会有育雏时掉落的死鱼，卫生状况堪忧。在一些公园湖区，冬季常用水泵制造出不冻水面，防止冰冻对游船造成损伤或单纯方便水鸟栖息。冰层下的鱼常会到水面来"吸氧"，也为冬季夜鹭捕食提供了方便，这让少量夜鹭能留居北京市区。

　　夜鹭通常在黄昏时分开始活跃。夏季傍晚，在公园湖边散步时，留意一下，常能见到夜鹭飞临，边飞边"哇——哇——"叫，盘旋几圈之后降落水边。如有兴趣，可以在稍远距离驻足等待，只要有耐心就能见到夜鹭捕鱼的场景。育雏期（5月至7月）时，成年夜鹭也常在白天觅食，更便于观察。此外，北京市区的护城河也是夜鹭理想的觅食场所，白天夜鹭虽已离去，但在河堤上常会留下条条白色便迹，暴露了它们夜晚的行踪。

　　夜鹭有时也会站立在浸入水中的树枝或者杂物上，静止不动，往往多半个身子都没入水下，仅仅把头颈部露出来，样子滑稽可笑。别看它给人感觉呆头呆脑，有机会捕食绿头鸭和小䴙䴘雏鸟的时候也是出手迅猛，让亲鸟猝不及防。在北京龙潭湖、什刹海这些既有夜鹭分布，又有鸳鸯、绿头鸭繁殖的地方，偶尔能看到夜鹭掠水伺机而动、雏鸟恐慌四散惊逃、亲鸟愤而起飞驱逐的惊险画面。

黄斑苇鳽 *Ixobrychus sinensis*

别名 小水骆驼

分类类群 鹭科 苇鳽属

形态特征 小型涉禽，全长 30 ～ 38 厘米。雄鸟身体除飞羽、尾为黑色外，大部分为浅黄褐色、微泛红，头顶铅灰色。雌鸟羽色较雄鸟灰暗，且多褐色纵纹。

实用观察信息 夏候鸟、旅鸟，5 月至 10 月初可见。非常常见，几乎可以算是池塘的标配鸟种，虽然随着农耕湿地的减少，黄斑苇鳽的数量有所下降，不过它们依然是湿地最常见的鸟种之一，几乎只要有芦苇、香蒲、荷花的地方，就能见到它们的身影。

隐匿姿态

◀ 雏鸟

　　黄斑苇鳽平时活动比较隐蔽，有着经典的"脚踩两只船"行为，即两只脚分别抓握两根芦苇或荷叶秆长时间站立，低头注视水面寻找小鱼。其实，它们在日常生活中的活动姿态可远远不止这一种，黄斑苇鳽的大脚和长腿能让其在挺水植物上做出各种"体操杠上姿态"，也能分散体重的压力，在睡莲叶片上行走。它们的脖子更有意思，平时经常缩脖子待着，看起来有些驼背，因此也得名"小水骆驼"。一旦开始觅食，特别是发现水下有小鱼时，黄斑苇鳽超长的脖子就立刻伸了出来，仿佛整个身体都是脖子。确定目标后，它便猛地将头颈扎入水中，用嘴叼住猎物，离开水面后再将其吃掉。

　　观察黄斑苇鳽时尽量别来回走动，发现目标后定点观察便好，它们对站立不动的人并不太害怕，有时它在觅食过程中能走到距离人三五米远甚至更近的位置。人若有动作，它们很容易惊飞。

大麻鳽 *Botaurus stellaris*

别名 大水骆驼

分类类群 鹭科 麻鳽属

形态特征 大型游禽，全长 65 ~ 78 厘米。周身羽毛枯黄色，满布棕黄色、深褐色、黑色的斑点和条纹，显得十分斑驳。保护色隐蔽性很好，在芦苇丛中极难被发现。

实用观察信息 北京市区、郊区的湿地中全年可见，特别是郊区的大型湿地，夏季有繁殖种群。到了冬季，反而在市区和近郊公园湿地的芦苇丛中更容易见到。

　　大麻鳽的形态和行为都很有特色。它们多在黄昏时分才开始活跃，白天则在芦苇丛中休息。如遇惊扰，它们通常并不会马上惊飞，而是头上扬、嘴指天呆立不动。此时其羽毛的保护色完美融入光影斑驳的芦苇丛中，常让人以为产生了幻觉。可能是因为它们的羽色和猫头鹰有些类似，因此经常被喜鹊围攻，不过喜鹊群通常很快就发现它们不是猫头鹰而放其一马。

夜幕下，大麻鳽
在湿地穿行觅食。

◀ 捕获鳙鱼

　　在繁殖期，大麻鳽的叫声如同牛吼，有时会吓到水边经过的人，以为是水怪。把大麻鳽误当作"水怪"之事，在北京古已有之，而且传闻从清末断断续续一直延续到民国初年。晚清重臣翁同龢在日记中记载过："廿七日，小憩起，无事，至南下洼。登陶然亭高阁，闻如牛鸣盎中者三次，每鸣以三为截，听其声必脰短而鳞之，非鼍而何。"翁老先生把这怪叫的动物当作了扬子鳄。前几年，《博物》杂志的张辰亮老师通过考证，证实了当年陶然亭发出怪叫的就是大麻鳽。随着城市发展，如今在北京市区，大麻鳽变得少见了。好在近些年来，一些公园湿地到冬季会保留一些芦苇，这给大麻鳽藏身提供了条件。加之有水泵制造不冻水面，也使得一些大麻鳽在湖泊封冻的冬日里，能在公园水域找到食物，并在此越冬。

　　冬天，大麻鳽在白天活动时间要多一些，有时甚至中午也会出来溜达一圈，找点吃的。下午四五点钟，大麻鳽觅食活动较为频繁，并且对静止不动的人不太避讳。此时，如果发现有它们的身影，只要忍住寒冷耐心等待，便有机会近距离欣赏它们捕鱼的场景。

黑鹳 *Ciconia nigra*

别名 乌鹳、锅鹳

分类类群 鹳科 鹳属

形态特征 大型涉禽，全长 100 ~ 110 厘米。成鸟雌雄相似。上体黑色，有闪绿、紫色金属光泽；下体白色；嘴红色、长而粗壮；眼周裸皮及足红色。幼鸟整体偏褐色，嘴和足的颜色也较灰暗。

实用观察信息 留鸟、旅鸟。黑鹳在北京的分布环境较为特殊，生活在山区河流环境，于周围峭壁上营巢繁殖。

　　黑鹳主要捕食鱼、虾、蛙等水生动物，也会抓昆虫、蛇、鼠类等为食。北京房山区的十渡便是一个非常著名的黑鹳观察点，这里的自然环境非常适合黑鹳栖息繁殖，加之有工作人员采取人工投喂补给等措施，近些年来这里一直有稳定的黑鹳种群。

　　其实，黑鹳在北京类似十渡这种自然环境的地方，如山间河谷、溪流、水库等处都有分布。在迁徙季节，在北京西山甚至市区上空都会有黑鹳飞过，所以平时在市区也可以时常留意天空，说不定就有黑鹳出现。

（摄影：娄方洲）

大天鹅 *Cygnus cygnus*

别名　天鹅、鹄

分类类群　鸭科 鹄属

形态特征　大型游禽，全长 120～160 厘米。雌雄相似。成鸟通体白色；嘴端黑色，嘴基黄色、向前延伸至鼻孔下；足黑色。幼鸟体羽多灰色，嘴基黄色区域常偏粉色，随年龄增长体羽白色比例逐渐增加。

实用观察信息　主要为旅鸟，也有少量越冬群体，10 月至次年 4 月初可见。喜欢栖息于大型开阔水域，通常不会降落到市区公园的小湖面上。北京比较近的观赏天鹅的地方包括颐和园、沙河水库等，每年春秋迁徙季节常有几十甚至百余只大天鹅在此停歇。同期，在郊区的大型水库，如密云水库、官厅水库，天鹅数量会更多。此外，迁徙的大天鹅有时会飞经城区上空，夜空中也时有出现它们"一"字形或"人"字形的队伍，可多加留意。

（摄影：娄方洲）

　　大天鹅警惕性很高，基本都在距离岸边较远的地方觅食或休息。若在公园湖区看到大天鹅活动，尽量不要驱船靠近，它们对船戒心较重，感知到危险有可能呼啦啦一大群就全飞走了。若干扰严重，它们便不会再轻易回来。

小天鹅 *Cygnus columbianus*

别名　天鹅、短嘴天鹅

分类类群　鸭科 鹅属

形态特征　大型游禽，全长 110～130 厘米。整体看起来和大天鹅非常像，不过体形小一些，脖子相对显得没那么细长。最关键的是，它们嘴上的黑色通常都会延伸盖过鼻孔，如果能用望远镜看清楚头部便不难区分。

实用观察信息　旅鸟、冬候鸟，10 月中旬至次年 4 月初可见。

　　在北京，小天鹅的栖居环境、习性和大天鹅相同，有时也会混群活动。市区一些有较大湖面的公园，在春秋迁徙季节时常有小天鹅暂落停歇、觅食补给，游园时可多加留意。

鸿雁 *Anser cygnoides*

别名 大雁

分类类群 鸭科 雁属

形态特征 大型游禽，全长 82～96 厘米。雌雄相似。嘴黑，头顶至后颈具棕色条带，特征明显，容易辨认。

实用观察信息 旅鸟，迁徙季节可见，主要栖息于郊区的大型湿地。

　　每年春秋迁徙季节，在北京一些大型湿地能见到旅经停歇的群体。鸿雁很机警，有时人距其近百米，就开始警惕，所以最好保持远距离观察。不过，在麋鹿苑及个别景区有散养的鸿雁，它们能自由飞翔，但并不十分畏人，甚至亲人。迁徙时，旅经的鸿雁时有从城区上空飞过，也会光顾一些园林里的大型湖区，如颐和园昆明湖、圆明园福海。

　　我国的家鹅主要由野生鸿雁驯化而来。如今，家鹅中依然有鸿雁色型的品种，观鸟新手常将两者混淆。鸿雁较家鹅体形小而瘦，身体前圆后窄呈流线型。家鹅腹部肥大，有的甚至快垂到地上。另外，鸿雁脖子较家鹅的短，额瘤只有丁点痕迹，而不像家鹅的那么突出。

灰雁 *Anser anser*

别名 大雁、红嘴雁

分类类群 鸭科 雁属

形态特征 大型游禽，全长 76～88 厘米。雌雄相似。嘴、脚粉色，凭此特征较容易与其他雁类区分。翼上覆羽浅灰色，飞行时显得翅膀前半部近白色，很显眼。

实用观察信息 旅鸟。春秋迁徙季节见于郊区各大水库湿地，市区一些园林的大型水域也偶能见到。

灰雁常在距离岸边较远的水域觅食、休息，警惕性比较高，通常来说观察距离都不宜太近。不过，有的景区会散养一些灰雁，由于是人工繁育的饲养个体，已经不怕人了。它们仍能自由飞行，有时会在景区附近的湿地游荡，让人误以为是野生灰雁，但它们遇人会主动靠近要吃的。

另外，灰雁是欧洲鹅的原祖，现在饲养的欧洲鹅有一部分保留了灰雁的羽色，但它的体形大很多，体态也发生了变化，脖子更长、身体更胖、腹部更下垂、屁股更大。在一些景点、公园或小区里也有饲养的欧洲鹅，要注意区分。

赤麻鸭 *Tadorna ferruginea*

别名 黄鸭

分类类群 鸭科 麻鸭属

形态特征 中型游禽，全长 58 ~ 68 厘米。全身大部为橙黄色，头偏白，翅尖黑色，嘴、足黑色，很好辨认。雄鸟繁殖期颈部有一个黑环。

实用观察信息 主要为旅鸟、冬候鸟，10 月至次年 4 月可见。也有少量散养个体在北京市区及附近一些湿地景点繁殖，有的个体成为留鸟。

　　赤麻鸭虽然叫作鸭，但其行为介于鸭和雁之间，除集群活动外，有时也成对出现。赤麻鸭飞行时喜欢排成"一"字形队列，边飞边叫，叫声是比较粗哑的"啊——啊——"声。它们的行走能力也很强，在其自然繁殖地内，有些会在距离湿地较远的山崖洞里筑巢，雏鸟出壳后由双亲带着徒步走到水域。

　　在北京，它们多在迁徙季节和冬季见于郊区的湿地、农田，市区公园大水面上有时也会飞来零星个体。值得一提的是，在动物园和一些湿地景区有散养的赤麻鸭，它们也能自由飞行，但基本不迁徙了，变成留居，在这里正常繁殖。

（摄影：娄方洲）

鸳鸯 *Aix galericulata*

别名 官鸭

分类类群 鸭科 鸳鸯属

形态特征 小型游禽，全长38～45厘米。成年雄鸟繁殖期绚丽多彩，让人过目不忘；非繁殖期和雌鸟类似。雌鸟羽色灰暗，眼周有明显的白色眼圈和眼线。

实用观察信息 城区各大园林水域几乎常年可见，郊区的湖泊、溪流等湿地环境亦很容易见到。

　　二十年前，鸳鸯在北京比较罕见。二十世纪九十年代后期，在北海东面沙滩附近的一个机关大院的树上，人们发现了一窝繁殖成功的鸳鸯，再后来，增加了人工巢箱招引，鸳鸯的数量越来越多。如今，鸳鸯几乎遍及北京各园林水域。在城区中繁殖的个体并不太怕人，甚至能看到鸳鸯妈妈带着一串孩子"走街串巷"的场景。冬天，在北京城区内一些公园里的不冻水域，更是有数百只鸳鸯越冬，成为京城独特的景观。龙潭湖和北海等处有鸳鸯和绿头鸭，还有少

左雌右雄

大群鸳鸯在市区空中飞行已成为北京一景。

量的小䴙䴘、斑嘴鸭，它们会结成松散的群体。因为游人投喂，所以鸟群往往会离岸很近，便于仔细观察，有的时候，一些少见的水鸟也会混迹其中，一旦分辨出来，对于观鸟人来讲，是一件极有趣味的乐事。我就曾在隆冬时节的北海岸边，看到黑压压的鸳鸯群里还有赤颈鸭和花脸鸭。

每年秋冬季节，雄鸳鸯都会上演缤纷多彩的炫耀表演，以吸引雌鸳鸯。一旦组对成功，雌雄鸳鸯几乎形影不离，一起在大树上挑选树洞做窝（也很喜欢利用人工巢箱）。直到雌鸳鸯产蛋孵化，雄鸳鸯都会在附近守卫。不过，雌雄鸳鸯的这种关系会越来越不稳定。每年 5 月后，随着一批批雏鸟出壳，多数雄鸳鸯便离开"妻小"，与同性聚在一起，在比较隐蔽的地方脱去华丽的繁殖羽，换上和雌鸳鸯相近的羽衣。直到 8 月后，它们再次慢慢换上繁殖羽，然后开始新一轮的求偶。

雄鸟非繁殖羽

◀ 雌鸳鸯钻出树洞，准备外出觅食。

▲ 鸳鸯妈妈带着孩子在岸边休息。

▼ 小鸳鸯们觅食的时候，鸳鸯妈妈会待在边上为孩子们站岗放哨。

花脸鸭 *Sibirionetta Formosa*

别名 巴鸭、眼镜鸭

分类类群 鸭科 花脸鸭属

形态特征 小型游禽，全长 36 ~ 42 厘米。成年雄鸟繁殖期花里胡哨的，头部花纹很具特色，容易辨认。雌鸟褐色斑驳，嘴基处有一块近白色的圆斑。

实用观察信息 主要为旅鸟，也有零星冬候鸟个体。见于北京城郊各种类型的湿地，通常出现在较大水域。

花脸鸭在北京本是不太多见的旅鸟，不过近几年来，冬季在一些公园（如龙潭西湖公园、北海公园、玉渊潭公园、动物园水禽湖）的不冻水域，常会有单只或成对的个体出现，而且不太怕人，已成为本地的"明星鸭"，吸引不少观鸟（拍鸟）者前来。它们有时会在某个公园水域留住几天，而后转移到附近其他公园。在这些公园里，零星的花脸鸭会混迹在数量众多的绿头鸭、鸳鸯群体里，仔细寻找才会发现。

雄鸟

绿头鸭 *Anas platyrhynchos*

别名　野鸭、大红腿儿、大青头（雄鸭）

分类类群　鸭科 鸭属

形态特征　中型游禽，全长 50 ～ 60 厘米。成年雄鸟繁殖期头绿、颈有白环，尾具两个黑色弯钩（中央 2 枚尾羽上卷贴近形成一个钩，相邻外侧 2 枚组成后面一个钩）。成年雌鸟繁殖期全身浅棕色，满布褐色斑纹，嘴边橙色、中部褐色。雄鸟非繁殖期和雌鸟相似，不过嘴为黄绿色。雌鸟非繁殖期变化不大，深色斑纹面积增多些。

实用观察信息　全年可见，可能有些是留居个体。绿头鸭在北京分布很广泛，从市中心的护城河、公园湖区到郊区的鱼塘、水库，几乎只要有湿地的地方都能见到。

　　绿头鸭主要取食水面及浅水中的植物种子、茎叶，以及螺、虾、昆虫等无脊椎动物，机会合适时也会捉鱼。觅食水下食物时，它们通常只将头、颈或前半身扎入水中，屁股翘起，偶也会整个身子都潜入水下捞取深水中的食物。在干扰较少、安全的前提下，绿头鸭也会到岸上来取食地面上的食物。

左雄右雌

绿头鸭妈妈带着孩子们穿过公路。

▲ 雏鸭休息时经常
　依偎在妈妈身边。

雄性非繁殖羽

　　每年冬天，在北海、圆明园、玉渊潭等公园中都有小群绿头鸭
越冬，这些地方有水泵制造的不冻水面，为鸭子栖息提供了条件。
它们也不太怕人，会主动游到岸边吃游人投喂的食物。此时，鸭群
里的雄鸭会不定时上演求婚比舞，组好对的配偶活动紧密，会主动
排斥其他个体。春季，各大公园的湿地常有绿头鸭繁殖，雌鸭孵蛋，
雄鸭常在附近守卫放风。小鸭子出壳后，有的雄鸭依然会在母子身
边守卫几天，但很快关系越来越疏远，雄鸭们会聚集在一起，换上
非繁殖羽，样子和雌鸭有些近似。

　　人们饲养的家鸭主要是古人由绿头鸭驯化而来的（少数有斑嘴
鸭的基因），如今家鸭中依然有保持原始色形的个体品种。家鸭和
绿头鸭之间也可以繁育后代，这些后代虽然体形变大、体态变胖，
但多数都有很强的飞行能力，所以我们在野外有时会看到不那么"精
干"的绿头鸭，有些就是这类杂交个体。

斑嘴鸭 *Anas poecilorhyncha*

别名　黄嘴尖鸭、黑毛

分类类群　鸭科 鸭属

形态特征　中型游禽，全长 53～63 厘米。雌雄相似。雄鸟体形稍大，三级飞羽白色面积更大。斑嘴鸭和绿头鸭个体相仿，体色与雌绿头鸭有些相似，两者常被混淆，不过仔细观察，它们羽毛的斑纹完全不同，而且斑嘴鸭脚黑色，嘴端有一块显著黄斑，凭此点能够区分。但现实中，斑嘴鸭和绿头鸭有杂交现象，杂交个体有时容易混淆，特征比较模糊。

实用观察信息　全年可见，但不确定是否有留居个体。虽然斑嘴鸭在国内分布广泛、种群数量庞大，但在北京地区，它们不如绿头鸭常见。

　　斑嘴鸭的觅食方式、生活环境都和绿头鸭很相似，它们也会在一些园林湿地内繁殖，还常会和绿头鸭混群栖息，两者之间能杂交。在冬季观察大群绿头鸭时，有时能发现里面夹杂着斑嘴鸭，偶尔也能看到杂交个体。

飞翔时，可看到斑嘴鸭翼镜颜色及
两侧色带图案和绿头鸭的不同。

◀ 斑嘴鸭和绿头鸭
　杂交个体，雄性。

◀ 斑嘴鸭和绿头鸭
　杂交个体，雌性。

赤嘴潜鸭 *Netta rufina*

分类类群 鸭科 狭嘴潜鸭属

形态特征 中型游禽，全长 45 ~ 55 厘米。成年雄鸟繁殖期特征明显，容易辨认：嘴红色、头棕黄色、后颈及前胸棕黑色、上体灰褐色、下体近白色（游泳时露出的不多）、虹膜红色。雌鸟脸、颈侧灰白色，其余大部灰褐色，嘴灰褐色、尖端黄色。

实用观察信息 在北京本是不太常见的旅鸟。近年来，一些饲养繁殖的个体逃逸后扩散出去，然后在市区的一些公园及周边湿地繁殖起来，在局部区域内（如颐和园、紫竹院等地的湿地）已成为比较常见的留鸟。这其中还有一些个体与绿头鸭杂交，后代外貌非常特别，偶能见到其混迹在各处湿地的鸭群中。

　　现在，北京市区的一些赤嘴潜鸭并不太怕人，它们喜欢潜水觅食水草，不过若有人靠近岸边，它们也会游过来要吃的，非常方便观察。每年 5 月，还能见到赤嘴潜鸭妈妈带着孩子外出活动的场景。

左雄右雌

▲ 赤嘴潜鸭鸭妈妈和孩子们。

▼ 湖水清澈的时候，如果足够幸运赶上赤嘴潜鸭游到距岸边
较近的地方觅食，便有机会看到它们在水下潜泳的身姿。

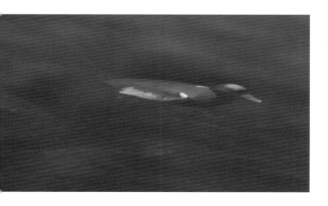

红头潜鸭 *Aythya ferina*

别名　红头鸭

分类类群　鸭科 潜鸭属

形态特征　中型游禽，全长 42～49 厘米。成年雄鸟繁殖期头颈棕红色，虹膜红色，嘴黑色、靠近前端中部有一条宽的浅色区域，胸黑褐色，上体浅灰色、有很细密的深色纹，腹部、两胁灰白色。雌鸟头、颈褐色，近嘴基处和眼后有浅色区域，虹膜深褐色，身体灰褐色，羽缘色浅、组成鱼鳞状纹路。

实用观察信息　主要为旅鸟，偶尔有少量个体在此越冬，9 月末至次年 4 月可见。

　　红头潜鸭多见于比较开阔的水域，相对比较怕人，常集群在距离岸边较远的水面上觅食、休息，它们喜欢潜水觅食水草、螺、虾等。观察红头潜鸭比较理想的去处是京郊各大水库，在迁徙季节基本都能见到。北京市区一些公园里的大型水面也有红头潜鸭栖息，如颐和园、圆明园的湖区都稳定可见。在游人不多的时候，它们也会游到离岸较近的位置。

雌鸟

雄鸟

凤头潜鸭 *Aythya fuligula*

分类类群　鸭科 潜鸭属

形态特征　中型游禽，全长40～49厘米。成年雄鸟繁殖期黑白配色，头部黑色、闪蓝紫色金属光泽，头顶有一撮长冠羽，眼睛虹膜黄色，很容易辨认。雌鸟灰褐色，头顶羽冠较小，嘴基后常有一块不太明显的浅色斑。

实用观察信息　主要为旅鸟，春秋迁徙季节较为常见，冬季偶有少量个体在此越冬。主要栖息在北京郊区有较大水域的湿地，市区公园的大型湖泊中也能见到。

　　和其他潜鸭一样，凤头潜鸭也比较怕人，多在距离岸边较远处活动或休息。觅食时，凤头潜鸭也是以潜水方式为主，捞取水下的水生植物及虾、螺等水生动物为食。

左雌右雄（摄影：娄方洲）

鹊鸭 *Bucephala clangula*

别名 喜鹊鸭子、金眼鸭

分类类群 鸭科 鹊鸭属

形态特征 中小型游禽，全长 32 ~ 48 厘米。成年雄鸟繁殖期特征明显，头黑色、闪绿色金属光泽，嘴基后有一个较大的白色斑块，眼睛虹膜全黄色，嘴黑色，凭这些特征足以判断。雌鸟头褐色，嘴黑褐色，嘴端橙黄色，眼睛虹膜浅黄色。

实用观察信息 旅鸟、冬候鸟。多见于郊区大型水域，有时在市区公园水面也能见到零星个体或小群。

鹊鸭主要通过潜水方式觅食，以鱼虾、水生昆虫、软体动物等为食。它们通常比较怕人，在距离岸边较远的地方休息或觅食。觅食时，鹊鸭显得非常繁忙，不停地钻入水中。

鹊鸭的求偶炫耀表演很夸张，雄鸭会竭力将头部后仰贴于背上，同性之间还会激烈地驱赶追逐，这些都是非常有意思的观察内容。

雌鸟

雄鸟

斑头秋沙鸭 *Mergellus albellus*

别名　熊猫鸭、白秋沙鸭

分类类群　鸭科 斑头秋沙鸭属

形态特征　中小型游禽，全长 38 ~ 44 厘米。成年雄鸟远看起来周身以白色为主，有几条黑色细条纹，脸部有一个大黑眼圈，头顶具羽冠，很好辨认。雌鸟头部上棕下白，上体灰色，下体偏白。

实用观察信息　旅鸟、冬候鸟，10 月至次年 4 月可见。

　　斑头秋沙鸭喜欢栖息于开阔水域，主要靠潜水觅食鱼虾。它们平时比较机警，不轻易靠近岸边，所以观察起来距离稍远，通常不会近于 20 米。目前，尚未有斑头秋沙鸭出现类似北海普通秋沙鸭在水下甚至薄冰下那样活动的情况。斑头秋沙鸭因为个体较小，捕捉的猎物也相对小一些，而且经常会被生活在同一水域的普通秋沙鸭追赶打劫。

上雌下雄

普通秋沙鸭 *Mergus merganser*

别名　鱼鹰（民间俗称，容易引起歧义）、秋沙鸭

分类类群　鸭科 秋沙鸭属

形态特征　中型游禽，全长 54～68 厘米。普通秋沙鸭外形和大众传统观念里的鸭子不太一样，它们的嘴不是扁宽的，而是细长、尖端略带钩（实为嘴甲），身体呈长梭形，游泳时身体吃水较深，尾常平伸于水面。成年雄鸟繁殖期头黑、略带金属光泽，上体黑白相间，余部近白色，嘴暗红色。雌鸟头颈棕黄，头后有发达的丝状羽冠，上体灰色为主，容易辨认。

实用观察信息　旅鸟、冬候鸟，10 月至次年 4 月中旬可见。迁徙经过北京时常会落于开阔水域休息、觅食，数量较多，在各大水库及公园湖区都能见到。

　　普通秋沙鸭喜欢潜水捕捉鱼虾，通常警惕性比较高，多在距离岸边较远地方活动。岸边没人的时候，它们也会游到浅水区域觅食，若有人经过，会立刻潜水向远处回避。

左雄右雌

捕获泥鳅 ▲

潜水状态 ▶

　　近些年来，在北京的北海公园，冬季几个船坞附近会有水泵制造不冻水面，有一些普通秋沙鸭常来此觅食休息。它们慢慢地习惯了游人，甚至在人不特别密集的时候，会游到靠近岸边的水下捕食，这里也成为冬季观察普通秋沙鸭最理想的地方。观察时，切记不要追着它们来回走动，在一处水边守候即可，在一天当中它们会轮流在几处水面觅食。站在岸边栏杆处，低头可以看到普通秋沙鸭在水下甚至薄冰下的活动情况，它们会从冰水相接处钻到冰下去觅食，然后返回水面换气。这是一种很不寻常的观察体验。

鹗 *Pandion haliaetus*

别名 鱼鹰

分类类群 鹗科 鹗属

形态特征 中型猛禽，全长 51～65 厘米。雌雄相似。上体暗褐色，下体近白色，胸部有一些褐色斑点，黑色的贯眼纹一直延伸到枕后，在近乎白色的头上非常显眼。雌鸟胸部的褐色斑点较雄鸟更多，近乎形成一条比较宽的胸带。

实用观察信息 旅鸟，通常 3 月至 5 月、9 月至 11 月可见。多在大型湿地活动，北京郊区的各大水库、河流上空都能见其身影，距离市中心较近的颐和园昆明湖、圆明园福海也会有零星个体迁飞经过时下来捉鱼觅食。

观察鹗捕鱼是个非常有意思的事儿，只需在岸边等待即可，花上半天时间便会有所收获。鹗觅食时会在水面上空来回盘旋游荡、低头搜索，有时还会短时间振翅定在空中。一旦确定目标它便折翼而下，临近水面时双翅后举，头、脚前伸冲入水中，有时翅膀几乎连同全身都没入水中，场面非常壮观。随后，它在水面奋力振翅升空。

　　如果得手，脚下便会拎着鱼，等升空后，它会双脚合作将鱼的位置调至头前尾后，与自身方向一致以减少阻力，方便在飞行时携带。

　　有的鹗会带着鱼到附近僻静的沙洲或树上进食，有的则带着远飞而去（有资料认为鹗之所以带粮上路，是便于在迁徙途中饥荒时享用）。如果鱼就在水面浅游，鹗低飞下来伸脚就将其抓起，而不需要身体入水。

凤头蜂鹰 *Pernis ptilorhynchus*

别名　蜜鹰

分类类群　鹰科 蜂鹰属

形态特征　中型偏大的猛禽，全长 55 ~ 67 厘米。翅、尾异常宽大，但头偏小，飞行的身影有点像"雕身上插了个鸡（鸽子）头"的感觉。它们色型复杂，有浅棕、黑白相间、棕黄、黑褐等多种类型。

实用观察信息　旅鸟，每年 5 月至 6 月初、8 月末至 10 月初可见。多见于山区，城市上空也能见到迁徙经过的个体或小群。

　　凤头蜂鹰翱翔姿态特别舒展雄伟，然而它们实际并没有那么彪悍，虽然体形并不小，但通常情况下多以蜂蛹、蜂蜡为食。如果近距离观察其头脚就会发现：它们的嘴远不像其他鹰、雕类那样锋芒毕露，眼神也不犀利，整个头部看上去像鸡头；脚爪也不是特别强壮。

　带着猎物（蜂巢）翱翔

深色型个体

　　每年春秋两季，在北京山区常能见到迁飞的凤头蜂鹰，密集的时候一天能见百余只。西山的望京楼、百望山都是观赏猛禽的好去处。不过，如果我们平时留意的话就会发现，在城市上空同样有凤头蜂鹰经过，有时映着高楼大厦目睹凤头蜂鹰飞过，也别有一番风味。另外，到山区观察凤头蜂鹰也可以不走寻常路，没有必要扎堆去传统观察点，因为在那里通常观察距离较远、只能仰望。在迁徙季节，几乎在每个山坳都能见到凤头蜂鹰，此时若独坐林间，往往能亲历凤头蜂鹰在头顶夹带着呼呼风声、贴着林冠掠过的场景。清晨和傍晚，若独自或两三个人缓步于山林间，还有机会看到凤头蜂鹰起床展翅出飞，从山谷底部盘旋升入高空，以及日暮时飞落树上夜宿的场面，这与在热门观鹰点只能抬头看鹰的感受完全不同。

黑鸢 *Milvus migrans*

别名 老鹰、黑耳鸢

分类类群 鹰科 鸢属

形态特征 中型猛禽，全长 60 ～ 65 厘米。成鸟周身棕褐色；幼鸟颜色较浅，腹部满布浅棕色纵纹。飞行时两翼宽阔，翼指明显，翼下有明显的大白斑，尾羽呈浅叉状，很容易识别。

实用观察信息 除 1 月、12 月外，全年可见，春秋两季（3 月至 5 月、9 月至 11 月）迁徙过境的时候更为常见，市区上空也常能看到。

黑鸢有着标准的猛禽硬件配置，展翅翱翔的姿态也异常雄伟，但实际上它们并不像人们常规印象中的猛禽那样凶猛，生活中时常会捡食些腐肉等。

春秋两季，在北京西山能见到大群黑鸢过境，有时五六十只一起在山谷上空盘旋，形成鹰柱，场面蔚为壮观。不过，和以往北京地区黑鸢的资料记录相比，近二三十年，它们的数量和易见度还是下降了很多。

迁徙群体

空中进食中

作为"老鹰抓小鸡"游戏中的反派主角，黑鸢的确能够捕猎雏鸡大小的鸟类，但在母鸡的庇护下，狩猎也未必每次都会成功。今天国家体育场（鸟巢）所在地，在二十世纪九十年代还是城乡接合部，在当时农贸市场的墙外，是卖鱼人丢弃鱼肠、鱼鳔的地方，每天都会有一小群黑鸢聚集在此享用唾手可得的"自助餐"。如果今天能有这样的景象，肯定会吸引一批观鸟爱好者驻足。

除捡食腐肉外，黑鸢也会捕捉老鼠、小鸟等小动物，不过这种景象不那么容易见到。倒是在公园湖区、水库等地方，比较容易见到黑鸢捕鱼。黑鸢会在水面上空来回盘旋、低头寻找，一旦发现有鱼在水面附近活动，便会择机而下，贴近水面后，伸出双脚将鱼从水中捞出，身体几乎不沾水。有时捕鱼没有成功但鱼并没游走时，它会在低空振翅悬停，稍作调整后再次尝试。不过，它们更愿意捞取水面附近的病鱼或死鱼，这样容易多了。

085

白尾海雕 *Haliaeetus albicilla*

别名　黄嘴雕、白尾雕

分类类群　鹰科 海雕属

形态特征　大型猛禽，全长85～95厘米。成鸟黄褐色，头颈羽色较浅，尾楔形白色，嘴黄色、厚而粗壮。幼鸟羽色以褐色为主，杂以浅色斑点，之后羽色逐年变浅。

实用观察信息　旅鸟、冬候鸟，10月至次年4月初可见。喜欢在大型水域附近活动，捕捉鱼、水鸟，也捡食尸体。北京沙河水库、官厅水库、十三陵水库等处都是观察白尾海雕的好地方。另外，秋冬季节，一些游荡的个体也会出现在城市上空，可多加留意。

　　冬季，白尾海雕有时会站在冰面上休息，远远看去像一块大石头。白尾海雕比较怕人，通常观察距离都在百米之外，不过只要有耐心便有机会观赏它们捕猎的场景。除了单独俯冲下来抓捕水面附近的鱼，白尾海雕也会伺机抓鸟，有时会几只合作驱赶水鸟群，从中筛选出弱势个体并捕捉。它们也会反复骚扰雁鸭类，迫使其潜水躲避，最后因力竭而束手就擒。白尾海雕还会捡食水面漂上来的死鱼。

（摄影：娄方洲）

秃鹫 *Aegypius monachus*

别名　座山雕

分类类群　鹰科 秃鹫属

形态特征　大型猛禽，雌雄相似。秃鹫身形巨大，全长 110 厘米左右，周身黑褐色，头部为短绒毛，嘴厚重粗壮。

实用观察信息　冬候鸟、留鸟（存疑）。虽然资料上有记录秃鹫为留鸟，但实际上夏季极少见到，观察记录多集中在春秋或冬季。通常，秃鹫生活在北京远郊山区，如门头沟、房山、昌平等地的山区，有时也会飞到平原荒野，如延庆野鸭湖就偶有秃鹫光顾。城市上空也零星见到过游荡经过的个体。

　　秃鹫是国内最大的猛禽，立在山崖上就像一块大黑石头，身形接近长方体。飞起来时，它们会缩着脖子，常伸直宽大的翅膀在空中翱翔盘旋。

　　秃鹫主要取食动物尸体，偶尔捕捉活物。在京郊一些山区，曾有秃鹫频繁光顾养鸡场附近，捡食丢弃的死鸡尸体。

（摄影：郝建国）

（摄影：娄方洲）

087

白尾鹞 *Circus cyaneus*

别名 白尾巴根儿

分类类群 鹰科 鹞属

形态特征 中型猛禽，全长 41～53 厘米。成年雄鸟头部及上体蓝灰色，下体偏白，外侧初级飞羽黑色，尾上覆羽白色。雌鸟上体褐色斑驳，下体土黄色有深色纵纹，尾上覆羽白色很明显。

实用观察信息 旅鸟、冬候鸟，夏季偶尔零星可见（可能为游荡个体）。喜欢在水田、沼泽、苇塘、河滩、荒地等开阔的湿地环境活动，迁徙季节有时也会出现在山区或城市上空。

雄性成鸟（摄影：娄方洲）

雌性成鸟（摄影：娄方洲）

　　白尾鹞翅膀宽大，能长时间不振翅滑行，其尾羽长，转弯机动性也不错，远看上去飞行姿态有种飘忽不定的感觉。正是借助这样的技能，白尾鹞才能在湿地上空低空环绕飞行，搜索、捕捉在植被中藏身的鼠类、小鸟。别看飞行时外形魁梧，实际上白尾鹞非常瘦，脚爪也不是很强壮，所以它们较少捕捉大型猎物。

　　和其他鹞类一样，白尾鹞的头部看起来有点儿像猫头鹰的脸，有比较明显的面盘，可以靠声音定位辅助寻找猎物。

雀鹰 *Accipiter nisus*

别名 细胸（雄鸟）、鹞子（雌鸟）

分类类群 鹰科 鹰属

形态特征 小型猛禽，全长 32 ~ 43 厘米。成年雄鸟上体青灰色，脸侧棕色，下体具有较淡的棕红色横纹。雌鸟上体较雄鸟偏褐色，下体灰褐色横纹细密，头部白色眉纹较显著。幼鸟整体羽色偏褐，下体纹路比较多样，通常喉、胸部为纵纹和斑点，腹部为较粗的横纹。

实用观察信息 全年可见，比较偏好林地生境。夏季在山区林地有少量繁殖，春秋迁徙季节会有大量过境，城郊上空很容易见到，冬季也有一定数量的个体在此越冬。

　　雀鹰是和我们日常生活非常近的小型猛禽，它们的身影几乎渗透到城市的大街小巷，但不会在市区繁殖。雀鹰捕猎时喜欢偷袭，它们会隐藏在大树枝叶间，伺机飞出追捕附近的小鸟，尤其喜欢埋伏在小鸟密集取食、饮水洗浴的地方，趁其不备发动攻击。所以，在这些地方静静等待，就有可能目击雀鹰捕猎的精彩场面。切记观

雌性成鸟

雀鹰喜欢藏身枝叶较为密集的地方。

察时要保持安静，雀鹰虽然会见缝插针地出现在我们周围，但警惕性很高，人在附近走动很容易造成其惊飞。

在一些城市公园、小区里，雀鹰也生活得不错，林下地面上时常能见到一团团的鸟毛，很可能就是雀鹰干的，因为它们捕到猎物后会先拔毛。在这些地方，它们会选择人较少的时候外出捕猎，所以观察时可以和人流错峰出行，才有更多机会看到它们。

◀ 雀鹰取食刚刚捕
获的珠颈斑鸠。

雀鹰捉到小鸟后，▶
会撕扯下大量鸟
毛。这里分别是
珠颈斑鸠(中图)
和灰喜鹊(下图)
的遇难现场。

雄性成鸟

普通鵟 *Buteo buteo*

别名 耙耙鹰

分类类群 鹰科 鵟属

形态特征 中型猛禽，全长 50 ～ 56 厘米。外形敦实，羽色类型多样，有棕黑色、棕黄色、浅灰色等斑纹配色，也有全身棕黑色或浅棕色的个体。不过整体来说，普通鵟的胸腹部多有一条很宽的深色横带区域，飞行时多翅位展开翱翔，翼下有比较明显的腕斑，尾形较圆。

实用观察信息 除夏季（6 月至 8 月）外，其余时段均可见，尤以春秋迁徙季节时常见，冬季也可见到越冬个体。

以前农田较多的时候，普通鵟是北京非常常见的猛禽。冬季，在郊区路边的电线杆上，曾有过每隔几根就立 1 只普通鵟的壮观景象。粮库周围普通鵟也比较多，市区上空常能见到它们盘旋的身影。

现如今，普通鵟的数量有所减少，不过依然是最容易见到的猛禽之一。在迁徙季节，中午前后，在市区仰望天空，也有机会见到普通鵟借助市区的热气流盘旋。普通鵟虽然飞行姿态挺拔雄伟，但飞行速度并不快，它们主要捕食鼠类，也会在垃圾场翻找食物。在郊区有一些农田的地方，观察普通鵟捕猎的机会比较多，但其场面算不上激烈。它们通常是从高树或电线杆上折翅滑翔而下，有时也会在盘旋过程中发现目标后突然斜冲，最后"哐当"撞到地上将老鼠抓住。当然，如果运气好的话，也有机会看到它们低飞而过，惊起地面的小鸟群，然后择弱而捕的精彩场面。

普通鵟身材虽然雄壮，但是远远看上去有些圆头圆脑的"呆"劲儿，不像其他猛禽一般灵动机敏和威武勇猛。从前，北京曾流行"架鹰走犬"，鵟却不是人们驯养的目标，因为它们很难像金雕、苍鹰、游隼那样为主人搏击雉兔，供其寻欢取乐，但也不要认为这就让它们躲过了被人类捕杀的劫难。捕鹰人（北京旧称为"打鹰的"）依旧不会放过到手的鵟，它们的价格不及苍鹰的二十分之一，会被专门做标本的人收购去做成案头的摆设陈列。这种残忍的审美直到现在还残留在某些人的思想中。

（摄影：娄方洲）

金雕 *Aquila chrysaetos*

别名 红头雕、洁白雕（幼鸟）

分类类群 鹰科 雕属

形态特征 大型猛禽，全长 78 ~ 105 厘米。雌雄相似。全身深褐色，头顶、枕部至后颈的羽毛较尖，为金黄色，故得此名。幼鸟羽色更暗，头后的金色羽毛略偏棕色，翅展开后有明显的大白斑，尾羽具白色宽带，由此得名"洁白雕"。随着年龄增长，翅、尾的白色区域会逐年减少。

实用观察信息 留鸟，全年可见，虽然近郊偶尔也有目击记录，但大多数都在远郊山区活动，幼鸟、亚成鸟可能有一定的游荡性。

金雕虽体形硕大，但身手敏捷，捕猎能力十分强悍。也正因如此，从古至今它们都备受猎鹰者喜爱，驯鹰师依靠训练好的金雕捕猎野兔、山羊、狐狸等中小型兽类。但在我国，金雕是国家一级保护动物，严格禁止私人捕捉、饲养和买卖。

在山区，见到金雕已实属不易，以往通常都是远观其展翅翱翔。近几年来，随着观察人数的增多，诸如金雕捕捉岩松鼠、拎着獾飞行这类珍贵的镜头越来越多地被记录到，丰富了我们的认知，而不仅仅是通过资料上的文字去了解金雕。不过，金雕属于比较敏感的大鸟，如果发现它们营巢繁殖，还请尽量少打扰，更不要聚众围拍，别急于非在短期内就要有大量收获。只要金雕能长期在此居住、繁衍，我们对它的了解、记录，日积月累后就必然会有越来越多的精彩内容。

红隼 *Falco tinnunculus*

别名 茶隼、山巴虎子（雌鸟）、山涧子（雄鸟）

分类类群 隼科 隼属

形态特征 小型猛禽，全长 31～38 厘米。成年雄鸟头蓝灰色；上体砖褐色，具有稀疏的深褐色斑点；尾蓝灰色，有不明显细横斑，接近端部具黑色宽横带；下体土黄色，具深色斑点及纵纹。雌鸟头、尾和上体颜色一致，都为砖红色，深色横斑较密；下体有明显的深色纵纹。无论雌雄，头部脸侧都有很明显的深色髭纹。

实用观察信息 全年可见，夏候鸟、旅鸟、冬候鸟都有，迁徙季节数量较多，还有部分个体留居。

红隼几乎可以算是和人距离最近的小型猛禽了，它们的适应性很强，在城市里生活得也不错。在北京，红隼的足迹遍及"大街小巷"，即便在高楼林立的市区，也能见到它们活动，甚至在此安家繁殖的身影。红隼的捕猎技巧很全面，也不挑食。它们最具特色的技术是能长时间振翅悬停在空中、低头搜索草地上的鼠类，同样能飞行追捕小鸟，昆虫、蜥蜴、蛙这些小动物也在其菜单之上。

左雌右雄（摄影：杜松翰）

捕获小鸟
（摄影：杜松翰）

空中悬停（摄影：杜松翰）

　　在市区，因为草地环境较少，鼠类被消灭得差不多了，所以红隼的食物转为以麻雀、小斑鸠、燕子雏鸟等为主，也捉蝙蝠。它们对领地范围内各种小鸟的繁殖情况了如指掌，到了麻雀、燕子雏鸟出窝时便去捕捉。

　　平时我们不妨时常留意空中，说不定就会发现有红隼经过，或看到它们在空中悬停的身影。红隼胆子很大，当公路上人车稀少的时候，它甚至会冲入路边绿化带捕捉麻雀等常见小鸟，运气好的话我们会看到红隼捕猎成功的场景。

红脚隼 *Falco amurensis*

别名 蚂蚱鹰、阿穆尔隼

分类类群 隼科 隼属

形态特征 小型猛禽，全长 26～30 厘米。成年雄鸟上体深蓝灰色，下体浅灰色，尾下覆羽栗红色，飞行时翼下黑白对比明显。雌鸟上体暗灰色，下体近白色，周身深色斑点显著，尾下覆羽淡棕色。无论雌雄，眼周、蜡膜及足都为橙色。幼鸟和雌鸟相似，不过尾下覆羽、蜡膜及足的颜色更淡，腹部深色纵纹。

实用观察信息 旅鸟、夏候鸟，4 月至 10 月可见。通常在农田、荒地或林缘等开阔地的上空活动。

　　每年春秋，在北京西山能见到大量红脚隼迁徙，可以选择望京楼等几个传统观赏点观察，这些地方的优势是视野好、红脚隼数量大，但距离通常较远。也可以在上山途中选择方便观察的地方定点守候，便有机会非常近距离地欣赏红脚隼捕猎（捕食蝉、螳螂、棉蝗等），不过因为观察视野较小，目标往往稍纵即逝。另外，在市区也有机

雄性成鸟

迁徙季节观察红脚隼，常
能看到它们在空中展示各
种杂技姿态、捕捉飞虫。

◀ 停落在电线上，搜
　寻地面的猎物。

会见到红脚隼，不过通常飞得较高，而且行为比较单一，主要为飞行、
盘旋等。

　　在京郊会有红脚隼繁殖，它们喜欢利用喜鹊的旧巢，如有机会
遇到便可观察其繁殖行为，不过尽量不要聚集观察，这样干扰较大，
聚众围拍更不可取。

燕隼 *Falco subbuteo*

别名 青条子、熊猫垛子

分类类群 隼科 隼属

形态特征 小型猛禽，全长 29 ～ 33 厘米。雌雄相似。头部黑褐色区域向下延伸出两块突起，有比较细的白色眉纹；上体灰褐色；下体白色，具深色纵纹；下腹及尾下覆羽棕红色。幼鸟下体底色偏土黄，尾下覆羽色淡。

实用观察信息 旅鸟、夏候鸟，每年 4 月至 10 月可见。从市区到远郊山区都有分布，栖息生境多样，湿地、农田、林地、市区园林街道等处都能见到它们的身影。

　　燕隼没有红脚隼和红隼的数量多，不过因其适应性强，它们生活得离我们并不远。燕隼多在空中捕食，从小鸟到飞虫都是它们捕猎的对象。即便在繁华的街区，燕隼也能依仗其飞行捕猎技巧，充分利用上层空间追逐麻雀、燕子等鸟类，黄昏时分还会捕捉蝙蝠。盛夏时节，蜻蜓、蝉这类善飞的大型昆虫也会频频出现在燕隼的食谱中。

成鸟（摄影：杜松翰）

幼鸟（摄影：杜松翰）

　　和其他小型隼类似，燕隼会利用喜鹊的旧巢繁殖，而且它们也并不太怕人。在北京市区二环、三环沿线的灯塔架上，也有燕隼安家。在清晨和傍晚，人车较少的时候，它们会飞到很低的地方捕猎，有时过天桥时就有机会看到它们追猎的精彩场景。

游隼 *Falco peregrinus*

别名 鸭虎、鸽鹰

分类类群 隼科 隼属

形态特征 中型猛禽，全长 40 ~ 50 厘米。成年游隼头灰黑色，背部青灰色，下体白色，缀有黑褐色横斑，很容易识别。幼鸟羽色偏褐，下体满布褐色纵纹。飞行时翅尖尾短，身体粗壮。

实用观察信息 全年可见，不过以春秋迁徙季较多，在湿地、低山区上空最容易见到。市区上空有时也会出现游隼追逐家鸽的现象。有零星个体会在北京繁殖。

　　游隼素以俯冲速度世界第一而闻名。尽管近年来有测试数据表明其实际速度并没之前记载的 100 米 / 秒那么离谱，但它们俯冲追猎的场景确实非常震撼，仿佛被地心强力吸引一般。

　　游隼主要捕猎各种中小型鸟类。每年春秋两季，可到一些湿地或开阔山谷，在这样的环境很大可能会看到游隼捕猎。有时猎物还没反应过来，就被高速坠下的游隼踢中，在空中当场失去平衡甚至直接瘫痪死亡、往下掉落，游隼再追下来将猎物接住。游隼也会平飞追逐鸟群，

（摄影：关翔宇）

追逐鸽群

用嘴咬断鸽子颈椎 ▶

从中筛选出弱势个体进行定点追击。抓住猎物后，它会低头用嘴上的齿突咬猎物的后颈或枕部，令其瘫痪，然后带着猎物飞到较安全的地方进食。

　　迁徙季节和冬季，在市区家鸽放飞频繁的地方，常有游隼光临追捕家鸽。旧时北京养鸽人很多，大家最怕的就是"鸭虎子"。据王世襄先生说，游隼捕鸽有两种技巧：一种是"托"，即在鸽群下面飞翔，迫使鸽群越飞越高，从中寻找时机冲上去捕捉；另一种是"冲"，发现鸽群后，从高空向下俯冲，利用速度优势和鸽群四散惊飞的慌乱捕捉离群的个体。养鸽人为防范游隼，在其迁徙过境季节会倍加小心，看到房顶鸽子慌乱不定则停止放飞。如鸽群已升空，就赶紧再放出几羽鸽子在房顶，招引空中同伴落地保平安。

鹌鹑 *Coturnix japonica*

分类类群 雉科 鹌鹑属

形态特征 小型陆禽，全长 15～20 厘米，整体球形，拳头大小。上体棕黄色，下体浅土黄色。颈部、肩背、两胁都有浅黄色尖细条纹，非常醒目。

实用观察信息 全年可见，春秋迁徙季较为常见，主要在平原、低山地区的农田、草丛环境活动。市区公园、小区的灌丛草地也会有路过歇脚的个体。有零星个体会在北京繁殖。

鹌鹑活动很隐蔽，稍有不安便静立或卧着不动，它们还善于钻草躲藏，所以平时不太容易见其真容。经常是人走到跟前都没发现，然后它突然一下子蹿飞，吓人一跳。鹌鹑起飞和飞行速度都很快，不过它们通常不远飞，在近地面飞十几二十米便落下，随后快速钻入草丛。

鹌鹑也会迁徙，有时飞累了会趴在地上休息，甚至落在市区公路上。不过这样一来，也增加了它们被过往车辆轧死的风险。另外，

（摄影：娄方洲）

这只鹌鹑可能在迁徙途中过于劳累体力不支，飞落到公路上休息。

近些年来高楼玻璃幕墙的增多，也使得鹌鹑在迁徙途中撞墙身亡的数量增多。

中国古来有斗禽为戏的习俗，斗鸡、斗鸭，再到各地不同的斗鹌鹑、斗鹪鸲、斗黄腾（棕头鸦雀）、斗画眉、斗四喜（鹊鸲）……其中鹌鹑相斗便是流传甚广的娱乐活动。在故宫博物院收藏的《明人绘宣德帝斗鹌鹑图轴》和《聊斋志异·王成》中可以看到，在明清两代的北京，这是一种从市井百姓到九重天子共同的爱好。时至今日，北京已经见不到斗鹌鹑的玩家了，河南、安徽等地的部分地区还有这种活动。由于驯化的家禽鹌鹑打斗比较平和，因此斗鹌鹑还是需要从自然界中网捕野生个体，从保护野生动物的角度来看，还是让它成为历史吧。

褐马鸡 *Crossoptilon mantchuricum*

别名 鶡

分类类群 雉科 马鸡属

形态特征 大型陆禽。全长 85 ～ 100 厘米，周身褐色，尾羽白色、丝状下垂、状如马尾，眼周有红色裸区，脸侧有白色羽毛伸出头后，形成耳羽簇。

实用观察信息 全年可见，但在北京分布十分有限，只见于西部门头沟山区，数量也很少。

　　清代宫廷画家郎世宁的《火鸡图》展示的就是一对褐马鸡灵动的形态。看来当年宫廷中就饲养了这种珍稀的鸟类，这里的"火鸡"很可能是褐马鸡古称"鶡鸡"的讹传。清代官员官帽上的"蓝翎"就是用褐马鸡的尾羽制成的。由于过度捕猎加之人口增加、环境变迁等多重重压，这位北京的"原住居民"被挤到了边远的山区。在二十世纪九十年代前，人们知道的这种珍禽的栖息地仅包括山西省中北部及河北省西部。在北京门头沟区西部山区找到褐马鸡的踪迹，与其说是新分布地区的发现，不如说是劫后余生的残存。

（摄影：徐永春）

环颈雉 *Phasianus colchicus*

别名　野鸡、山鸡、雉鸡

分类类群　雉科 雉属

形态特征　中大型陆禽，雄鸟全长 80 ~ 90 厘米，雌鸟全长 55 ~ 61 厘米。成年雄鸟羽色艳丽，具超长尾羽，颈部有一个白环，很好辨认。雌鸟尾相对较短，周身斑驳。

实用观察信息　留鸟。分布于北京山区及附近的林地、农田中，适应性很强，曾经非常常见，近郊的一些公园都能见到繁殖。但近几年，可能由于商业开发导致其栖息地进一步被割裂，环颈雉的数量有所下降，不过依然是山区的常见雉类。

　　繁殖期里，雄性环颈雉有明显的占区现象，它们会通过打蓬（快速振翅发出"扑啦啦"的声音）和鸣叫（很响亮的"嘎——嘎——"声）宣示领地，招引异性。

雄鸟

雌鸟

◀ 伏地隐蔽姿态

　　平时，环颈雉活动较为隐蔽，不常出现在开阔地。有时当人走得很近时，它们仍只是趴在地上躲避，最后万不得已才惊飞，起飞动静很大，还伴随着"嘎"的惊叫声。环颈雉的"隐身"能力很强，往往凭几棵枯草就能"遁形"在人们眼前，所以观察时人们常会被脚边飞起的环颈雉吓一跳。环颈雉主要在地面觅食，用两脚拨开落叶，寻找下面的种子、昆虫等为食。它们的觅食地有明显的刨痕及粪便；雪后，它们的脚印也很醒目，是明显的鸡脚的样子，前面三个脚趾开叉角度很大，观察时可留意这些线索。在秋冬季，京郊的冬小麦田是环颈雉常去觅食活动的地方，往往可以一次看到十多只个体分散在田地中安静地活动，这时雉群中的雄鸟一般都很警惕，稍有风吹草动，便会发出"警报"声。

灰鹤 *Grus grus*

别名　灰鹳鹳

分类类群　鹤科 鹤属

形态特征　大型涉禽，全长 100 ～ 130 厘米。雌雄相似。成鸟全身大部分灰色，头顶皮肤裸区鲜红色，前颈黑色，眼后至后颈灰白色，飞羽端部黑色。幼鸟头、颈黄褐色，其余和成鸟类似。

实用观察信息　每年 10 月中旬至次年 4 月初可见，主要见于野鸭湖、密云水库等远郊湿地及附近农田。其他地区上空在迁徙季节偶尔能见到迁飞经过的个体或小群。

　　说来有趣，在北京，真正的灰鹤倒是很少被叫作灰鹤，它有另外一个俗称——"鹳鹳"，这个词在明代《西游记》中就曾经出现过，看来流传已久。如果你听到北京的老人和你说他看到了灰鹤，那实际多半是苍鹭或者夜鹭。灰鹤是北京鹤类中最常见、数量最多的，但在传统的花鸟画中却很难看到它的影子，也许是因为一身铅灰色的羽毛不如丹顶鹤那样富有仙气吧。

（摄影：娄方洲）

112

灰鹤喜欢集群活动，非常机警，人在五十米甚至百米外就会引起它们的警觉，觉得危险便群飞离开。所以，远距离见到灰鹤群时，最好别贸然靠近，就地或在车内支上单筒望远镜观察是比较不错的方式。如果鹤群没有异样，沿着公路驱车或行走，"漫不经心"地一点点接近也可以，但必须时刻注意鹤群的反应，若有个体（可能是放哨个体）伸长脖子警觉，最好立刻停下来，甚至后退。

　　近二十年来，在北京延庆区康庄，当地保护区做了大量宣传监测、人工补给冬粮等保护灰鹤的措施，它们慢慢变得不那么草木皆兵了，有时白天就能见到成群的灰鹤在收割后的农田里捡食种子。每年10月，陆续有灰鹤飞临延庆，在野鸭湖及附近区域活动，冬季越冬群体多时可达上千只，直到次年3月末陆续离去。白天，运气好的话能看到鹤群飞经白雪皑皑的松山，景象十分壮丽。现在，灰鹤已成为当地的一个知名生态景观。

一大群灰鹤飞过"雪山"，是北京延庆冬季著名的生态景观。

黑水鸡 *Gallinula chloropus*

别名　红骨顶、水鸡

分类类群　秧鸡科 黑水鸡属

形态特征　中型涉禽，全长 30～35 厘米。雌雄相似。成鸟周身黑色，胁部有白条，外侧尾下覆羽白色，嘴（包括额甲）鲜红色，嘴尖端黄色，很好辨认。幼鸟整体偏褐色，下体颜色较淡，无明显额甲，嘴暗粉褐色。

实用观察信息　全年可见。从 3 月至 11 月，几乎只要挺水植物比较丰富的水域都能见到。夏季，即便市中心的公园荷塘也时常有黑水鸡繁殖；冬季，在一些不完全封冻且保留一些挺水植物（没有被收割砍伐）的地方，仍能见到少量越冬群体。可能有些个体属于留居的。

　　黑水鸡食性很杂，会取食昆虫，小鱼虾，植物种子、块茎等，也会吃馒头、面包之类的人工食物。它虽然脚趾没有发达的蹼，但游泳技能十分出色，游泳时头颈和尾巴前后一抖一抖的。除迁徙外，它们很少飞行，受到惊扰时通常选择钻入草丛隐匿或快速游开，迫不得已时会飞起一小段距离然后落下。虽然很少潜水，但黑水鸡的

成鸟

▲ 雏鸟
◀ 幼鸟

潜水技能令人称奇，它们有时会藏身在水下的水草、石缝间躲避危险，而潜泳时双脚如同在水底奔跑一般，同时扇动翅膀助力。此外，它们也会潜水捞取水底的食物，不过不常被看到。

黑水鸡的雏鸟像一个身披黑丝绒的秃顶小怪物，父母会一起照顾孩子。雏鸟长大一些后，家庭成员之间就不那么紧密相随了，经常能看到单独活动的个体。

虽然黑水鸡总体来说不是特别怕人，但它们性格很机警，观察时请尽量不要乱动，这样便有机会和它们近距离接触。

白骨顶 *Fulica atra*

别名 骨顶鸡

分类类群 秧鸡科 骨顶属

形态特征 中型涉禽，全长 36 ～ 43 厘米。雌雄相似。成鸟全身黑色，嘴及额甲白色，特征明显，很好辨认。幼鸟体羽灰色，喉部及颈前近白色。

实用观察信息 全年可见。夏季，白骨顶主要在郊区一些植被丰富的湿地繁殖，春秋迁徙季节数量较多，冬季在一些不冻水域有部分越冬个体，不确定是否有留居个体。市区公园的湿地中也能见到零星个体。

　　白骨顶的脚趾上有发达的瓣蹼，善于游泳、潜水觅食水草及水生昆虫。此外，它们在陆地上行走觅食也很自如。白骨顶不是特别怕人，观察时只要原地静止、动作不突然过大，它们就不会有太激烈的反应，依然保持自然的活动状态。和其他水鸟共在一片水域觅

◀ 扎猛子钻入水中

从水下捞出水草 ▶
享用

食时，白骨顶不免会遭受其他大型水鸟欺负，如被绿头鸭抢夺食物、被天鹅撵走等。当然，它们也会欺负更小的水鸟。虽然白骨顶很常见，也貌不惊人，但它们所处的开阔水域很便于观察其行为，多花点时间看看它们的日常生活也很有意思。

　　繁殖期里，白骨顶会在挺水植物丰富的区域，弯折香蒲、芦苇等挺水植物的枝叶在水面建巢。它们的雏鸟相貌非常古怪，浑身黑乎乎，脑袋秃顶，脸侧和颈部长着橘黄色的绒毛。

大鸨 *Otis tarda*

别名 地鵏

分类类群 鸨科 鸨属

形态特征 大型陆禽，全长1米左右。上体棕色、满布黑褐色波浪纹，下体灰白色。雄鸟繁殖期脸侧有"白胡子"。

实用观察信息 旅鸟、冬候鸟，10月至次年4月可见。大鸨并不容易见到，越冬的个体或小群通常都分布在北京远郊的农田、河滩荒地。

过去，大鸨曾经是知名的传统狩猎禽类，俗称"地鵏"。因狩猎及栖息地丧失，现在它们的数量已十分稀少。大鸨警惕性很高，观察中如发现其有警觉动作，最好别再贸然靠近。不过，在迁徙季节，大鸨的遇见率相对要高一些，目击点也更为分散，有时在城区上空有幸能看到迁飞经过的个体，北京西山地区迁徙通道上甚至能见到三五只的小群。

118

（摄影：娄方洲）

黑翅长脚鹬 *Himantopus himantopus*

别名 高跷鹬、红娘

分类类群 反嘴鹬科 长脚鹬属

形态特征 中小型涉禽，全长 30～40 厘米。成鸟羽色黑白搭配，腿脚红色、超长，不易认错。幼鸟虽羽色偏灰褐色，但凭借长腿特征也容易辨认。

实用观察信息 旅鸟、夏候鸟，4 月至 10 月可见。虽然常见，但它们更喜欢栖息于有浅滩的湿地，而人工河道、湖泊对它们来说并不适合，所以在北京市区较少见到，仅有个别区域会有少量个体临时性飞落歇息、觅食。

黑翅长脚鹬主要吃水生昆虫、软体动物等，觅食时迈着美丽的大长腿，低头啄啄点点，姿态极为优美。它们会在水边滩涂或矮草中做窝，观察中偶尔会"撞上"它们的巢、卵或雏鸟，此时最好立即远离，不要试图"人工帮忙"。

幼鸟

凤头麦鸡 *Vanellus vanellus*

分类类群　鸻科 麦鸡属

形态特征　中型涉禽，全长 29 ～ 34 厘米。成年雄鸟上体黑褐色，具明显的绿色、紫色金属光泽，头顶有明显的黑色长凤头，容易辨认。雌鸟凤头较短。

实用观察信息　旅鸟、夏候鸟，3 月至 11 月可见。多见于郊区的开阔湿地、农田，市区公园湿地偶尔可见。

　　迁徙季节，凤头麦鸡常集成大群活动，有时在京郊的农田里能见到数百只的大群。夏季，在郊区一些开阔的滩涂，常能见到凤头麦鸡繁殖，它们的巢十分裸露。有时，人不经意间靠得太近会引起亲鸟惊飞离巢。但它们并不远飞，而是在人的头顶上空不断地俯冲示威，有时还会用排便的方式袭击，试图将人赶走。遇到这种情况，说明凤头麦鸡的巢很可能就在附近，赶紧走开为妙。

（摄影：娄方洲）

金眶鸻 *Charadrius dubius*

别名 金眼圈

分类类群 鸻科 鸻属

形态特征 小型涉禽，全长 15 ～ 18 厘米。雌雄相似。成鸟繁殖期头部具明显的黑色"眼罩"；颈部有黑色围领；眼周一圈金黄色十分突出，容易辨认。幼鸟头部较大面积为灰褐色，其上有浅色杂斑，围领褐色且在前胸处断开。

实用观察信息 夏候鸟、旅鸟，3月至11月可见。喜欢开阔的湿地滩涂，在一些公园的人工湿地鹅卵石滩、比较平缓的河堤、湖边草坪等处也偶有出现。

金眶鸻觅食时以"停住观望—奔走—停住观望"模式循环，主要捕食各种昆虫、蠕虫。如蹲（趴）下观察，它们很快就能适应人的存在，到较近的地方活动。金眶鸻在河滩、浅草坑等处筑巢，甚至有的会在废弃小路上安家。亲鸟遇危险时会装作受伤的样子东倒西歪地往远走，将敌人吸引到远离雏鸟处再迅速飞离。观察中若遇到此类情况，躲开远点就好了。

（摄影：娄方洲）

扇尾沙锥 *Gallinago gallinago*

别名 水扎

分类类群 鹬科 沙锥属

形态特征 小型涉禽，全长 25 ~ 29 厘米。雌雄相似。周身满布浅黄、深棕及黑色斑纹。嘴突出，长度约为头长 2 倍，像根筷子插在头上。

实用观察信息 每年春秋两季（3 月至 5 月，8 月中旬至 10 月）可见，常见于非硬化水底的湿地生境，如农田沟渠、水库湖泊近岸边的滩涂、公园湿地浅滩等。

　　扇尾沙锥曾很常见，不过近些年因水田减少及河堤硬化改造变少见了。此鸟羽毛保护色极强，不动时人走到跟前都很难发现。惊起后飞三四十米便急速着陆，而后隐蔽。它迁徙时也会途经市区，甚至在人少时穿飞街巷。正因如此，每年迁徙季都有不幸撞上建筑物伤亡的。

　　扇尾沙锥主要以水底泥沙中的无脊椎动物为食，觅食时在浅水滩涂慢行，边走边将嘴插入泥中探寻。近距离观察时可原地不动蹲下或趴下等待，它们会慢慢放松警惕，甚至到距人五六米远处从容觅食。

红嘴鸥 *Chroicocephalus ridibundus*

别名 黑头鸥、笑鸥、钓鱼郎

分类类群 鸥科 彩头鸥属

形态特征 中型游禽，全长 35～43 厘米。雌雄相似。成鸟繁殖期头部暗褐，具较窄白色眼圈；嘴暗红，远看近似黑色；上体青灰，下体白。非繁殖期头部白，眼前和耳区黑灰，嘴红色、嘴端黑色。幼鸟与成鸟非繁殖羽态相似，但尾具黑色横带。

实用观察信息 旅鸟，春秋迁徙季节多见，在城郊各种类型的湿地都能见到。

　　红嘴鸥适应性很强，常在水面上空徘徊，伺机捕捉靠近水面的小鱼，它们对面包等人工食品也不拒绝，还会捕捉水生昆虫、软体动物等。有时，遇上放生活动，红嘴鸥更是会欣然前往并趁火打劫。要是赶上有鱼塘刚撒完鱼苗或是清塘时，红嘴鸥能敏锐察觉，迅速蜂拥而至。此外，农田初灌时，土壤中有大量无脊椎动物被迫钻出，也会吸引来红嘴鸥群体"赴宴"。

（摄影：娄方洲）

灰翅浮鸥 *Chlidonias hybrida*

分类类群 鸥科 浮鸥属

形态特征 小型游禽，全长23～29厘米。雌雄相似，成鸟繁殖期头的上半部黑色，脸侧白色；上体青灰色，下体暗灰色。非繁殖期头部黑色减退、下体近白色。幼鸟头顶、肩背部多褐色斑驳。

实用观察信息 旅鸟、夏候鸟。5月至10月可见，常见于各种类型的湿地生境。

　　迁徙季节里，灰翅浮鸥在北京近郊、远郊的大型湿地很常见。它们常扇动着超长而尖的翅膀在水面上空徘徊，不时飞落，低头将临近水面的小鱼叼起。灰翅浮鸥极少落入水中，觅食基本都是这种"蜻蜓点水"的方式。它们不怎么怕人，观察时人若站着不动，它们经常会在人的头顶上方不远处来回飞荡。除了捕食鱼虾，灰翅浮鸥也会捕捉大量的昆虫。

　　灰翅浮鸥的巢建在水边地面上或浅水中突出水面的杂草堆中。繁殖期过后，大量幼鸟出飞，它们更不怕人，能距人两三米。有时，一大群灰翅浮鸥还会一排排站在电线上，远看让人误以为是鸽子之类的鸟。

（摄影：娄方洲）

山斑鸠 *Streptopelia orientalis*

别名　斑鸠

分类类群　鸠鸽科 斑鸠属

形态特征　中型陆禽，全长 30～35 厘米。山斑鸠外形很像家鸽，身体较为粗壮，看起来比较浑圆敦实，不过整体比家鸽小一点。它们后颈部具浅蓝色、黑色相间的条纹；肩羽和翅上的覆羽具浅色羽缘，整体看上去呈明显的大鱼鳞纹图案；尾羽展开后羽端的浅灰色区域呈连续状，仅在中央尾羽处稍窄。

实用观察信息　留鸟。山斑鸠多生活在山区及近山区的林地、林缘环境，也会到附近农田中觅食。

山斑鸠平时常三五只结成小群活动，在地面觅食植物种子。它们不太怕人，人若缓慢接近，它们多是迈着小步子离开稍远点，然后便继续自如活动。在市区，山斑鸠较为少见，也少有在居民楼窗台安家的情况发生，仅在一些比较大型且植被丰富的古老园林中有少量栖息。

珠颈斑鸠 *Streptopelia chinensis*

别名　野鸽子、斑鸠

分类类群　鸠鸽科 斑鸠属

形态特征　中型陆禽，全长 27～33 厘米。雌雄相似。形态比山斑鸠更细瘦、尾羽更长。颈、胸部粉灰色，颈部有一条黑底带白珍珠点的"围巾"，非常醒目。

实用观察信息　留居北京，全年可见，多数在平原及低山区活动。近些年，北京市区珠颈斑鸠的数量有逐年增加的趋势，已很常见。

　　珠颈斑鸠虽然常见，却不为大众所熟知，常被当成鸽子。的确，无论外形还是运动状态，它们都酷似鸽子，加之雄斑鸠经常会"咕咕咕咕"地叫，更容易被误认为是鸽子。近些年来，珠颈斑鸠越来越适应城市生活，在小区、公园、路边绿地都能见到它们的身影。除了吃植物种子、嫩芽，它们也会以路人丢弃的面包渣、饼干屑等为食。繁殖期里，珠颈斑鸠会在树上搭窝，它们还在人工建筑上开发出很多新住址，比如空调外挂机的架子上、护栏上、花盆里，有

繁殖期里的展翅翱翔姿态

雏鸟

的珠颈斑鸠甚至直接在窗台上挨着窗户安家，这也给人们观察其繁
殖育雏的行为创造了非常方便的条件。

珠颈斑鸠以"做巢心大"著称，它们经常摆几根树枝就开始产
蛋了。其筑巢方式的简陋和率性，绝对可以跻身鸟类中另类建筑大
师的行列。由于对筑巢位置的选择非常随意，再加上它们在城市生
活当中也寻找到了更多、更稳定的食物来源，比如人们投喂给流浪
猫的猫粮，珠颈斑鸠近些年来在北京城市中越来越常见，然而它的
近亲——山斑鸠——在城区的数量与之相比，却少得可怜。

由于和人类的亲近，珠颈斑鸠在种群迅速发展的同时也受到了相
当多的威胁。我曾经见过搭建在居民区公共绿地葡萄架上的，几乎触
手可及的斑鸠巢，一个"手欠"的行为就可能让这个小家庭万劫不复。
这种对人类防范心理不强的鸟类是非常好的自然观察对象，也希望大
家能够在和它们亲密接触时保持一定的距离，对它们更加呵护。

随着珠颈斑鸠种群的壮大，也常会吸引来它们的天敌雀鹰。每
年春秋和冬季，在一些公园里，常有机会看到雀鹰追逐珠颈斑鸠的
场景。有时，在绿地中能见到一地鸟毛，其中一些是偏圆的紫灰色
小羽毛，还有一些很大的羽毛端部有一块白色，那这多半是雀鹰所为，
死者就是珠颈斑鸠。

127

四声杜鹃 *Cuculus micropterus*

别名 光棍好苦

分类类群 杜鹃科 杜鹃属

形态特征 中型攀禽，全长 30 ～ 34 厘米。整体羽色较深，尾羽近端部黑宽带明显，虹膜褐色，通常以这两点能确认。

实用观察信息 夏候鸟、旅鸟，5 月至 9 月可见。主要生活在山区及平原的林地环境，在北京市区树木繁茂的公园、小区等处也较常见。

　　四声杜鹃在市区主要寄生灰喜鹊巢。夏天在公园、小区的林地常能听到"布谷布谷"的叫声，也能见其在树冠上空飞过。

　　四声杜鹃主要在树冠层觅食，在干扰少时也会落于林下矮枝，伺机捕捉地面上的蚯蚓及昆虫。观察四声杜鹃觅食，需要耐心待在它们经常活动的区域静静守候。6 月，常能见其忙于捕捉乔木上的尺蛾幼虫，变得不再那么神经质地怕人。另外在绿化喷淋后，四声杜鹃也会频频飞到地面捕捉蚯蚓，很方便观察。

大杜鹃 *Cuculus canorus*

别名 布谷鸟

分类类群 杜鹃科 杜鹃属

形态特征 中型攀禽，体长 28 ～ 34 厘米。成鸟雄鸟上体青灰色，腹部为白色且具深色细横纹，飞羽、尾羽横斑明显。雌鸟似雄鸟，不过下体纹路较淡，胸部多为淡棕色（也有上体棕红色色型的雌鸟，满布深色横纹）。无论雌雄，眼睛虹膜黄色，为本种比较容易辨认的特征。幼鸟上体褐色，有深色横纹。

实用观察信息 夏候鸟、旅鸟，每年 5 月至 9 月可见，主要见于湿地环境附近。

观察大杜鹃时，如果只是作为鸟种记录就有些太可惜了。从 5 月中旬到 7 月初，它们和东方大苇莺之间的博弈以及其他小鸟对它们的态度和反应都非常精彩，值得观察。而且大杜鹃种群内部的争斗、求偶也很有意思。

129

繁殖期里，雄鸟常站在高枝上鸣叫。

130

雄鸟间常爆发激烈的空中争斗

　　每天清晨和傍晚，大杜鹃格外活跃，经常能看到两三只甚至更多的雄鸟在空中追逐、厮打，有时雄鸟会"组团"追着雌鸟飞行。此时，也正值东方大苇莺开始占区、营巢准备繁殖的时段，它们对大杜鹃的行为会密切关注，一旦有可疑个体进入自己领地上空，便会飞出去驱赶。其他鸟，如灰喜鹊、灰椋鸟、白头鹎等也会对大杜鹃（特别是雌鸟）的到来产生警惕，甚至主动驱赶。即便如此，大杜鹃还是能见缝插针地在东方大苇莺巢中产下自己的蛋。7月初，便能见到东方大苇莺亲鸟叼着虫子喂大杜鹃雏鸟的场景。

幼鸟

红角鸮 *Otus sunia*

别名 东方角鸮

分类类群 鸱鸮科 角鸮属

形态特征 小型猛禽，全长 17 ~ 20 厘米。红角鸮非常袖珍，仅拳头大小。周身密布驳杂的斑纹，上体颜色较深；头部有两个羽簇，休息时会竖起；眼睛虹膜黄色。

实用观察信息 夏候鸟、旅鸟，4 月至 10 月可见。主要生活在林地生境，夏季在北京平原（包括市区一些乔木丰富的园林、小区）及山区的林地繁殖，春秋迁徙季节数量较多，但因隐蔽性很强不太容易被发现。有些个体途经市区时，会有误撞玻璃身亡的事故发生。

红角鸮是比较典型的在夜间活动的小型猫头鹰，它们白天通常都是在树上休息，如果遇到干扰会将身体的羽毛收紧，同时将头部的两个羽簇竖起，看起来像一个小木桩，从而达到隐匿效果，万不得已时才起飞逃离。夜幕降临后，红角鸮便出动觅食，它们主要捕捉各种昆虫，偶尔也会捉小老鼠、小鸟等动物。

受到干扰，收羽遁形。

夜晚觅食中

　　总体来说，红角鸮在晚上比在白天对人的容忍度低，夜晚如果不注意减少动静、盲目用强光手电筒扫射搜索，很容易将其惊飞。不过，如果在一处静立并减少光源的移动，红角鸮也会表现出"大胆"的一面，甚至频频飞至光亮的地方，捕捉被手电光吸引来的昆虫。我在夜晚观察刺猬、拍摄蝉羽化的过程中就不止一次遇到过。

雕鸮 *Bubo bubo*

别名 恨狐

分类类群 鸱鸮科 雕鸮属

形态特征 大型猛禽，全长 55 ～ 89 厘米。体形硕大，头部有两撮很明显的羽簇。

实用观察信息 留鸟。从平原到山区都有分布，繁殖期主要在山区生活。秋冬季节，平原地区的灌丛、湿地荒滩、树林等环境也能见到。每年 2 月及 11 月前后，北京市区公园甚至居民区绿化带也会见到零星个体，可能是小范围迁飞游荡的个体。

　　雕鸮是最大的猫头鹰，站着像一个小水桶，能捕食小到鼠类、大到小鹿等各种猎物。它们平时白天多处于休息状态，藏身于比较隐蔽的环境，较难被发现，有时人走到跟前它们突然惊飞才会被察觉到。在山区观察搜索时，可以特别留意一下悬崖峭壁，雕鸮经常白天在上面歇息，因其有保护色不容易发现，不过可以通过大片白色的粪便痕迹间接找到它们的踪迹。

　　虽然雕鸮容易让人们想到它们可能生活在深山老林，其实它们距我们的生活并不远，时常会有个体出现在城市里，甚至有的会在居民楼楼顶角落里蹲着休息。冬季在公园里，它们更愿意选择在松柏之类的针叶树上休息，这里隐蔽性好，有时它们会被喜鹊发现而遭到围殴。平时多注意观察，就有机会发现身边的雕鸮。

（摄影：娄方洲）　　135

灰林鸮 *Strix aluco*

别名 猫头鹰

分类类群 鸱鸮科 林鸮属

形态特征 中型猛禽，全长 37 ～ 40 厘米。头圆，头顶无羽簇；周身灰褐色，花纹斑驳；眼睛虹膜褐色，看起来就像两个黑球。

实用观察信息 资料记录在北京为留鸟，但迁徙季节和夏季更为常见。通常栖息在比较安静的山区和近山区的林地。

　　灰林鸮在傍晚时分才开始逐渐"苏醒"，外出活动。白天，它们特别喜欢待在枝叶茂密的针叶树上，其羽毛斑纹有着极好的隐蔽效果，能跟树皮融为一体，常被忽视，甚至人与它"近在咫尺"都不会发现。灰林鸮在白天只要没有特别过分的打扰，最多就是睁眼看看周围，而不会有其他大动作。观察时最好保持安静，不要靠得太近，它只是表面上看起来满不在乎而已。

　　傍晚，灰林鸮开始活动，运气好的话，人们借助天光就能看到它在空中抓蝙蝠。在山区走夜路时，有时还会看到灰林鸮落在路中间。夜晚，它们还是比较警觉，尽量不要用强光手电筒长时间刺激它们。

白天睡大觉

夜晚双目圆睁

137

纵纹腹小鸮 *Athene noctua*

别名　小猫头鹰

分类类群　鸱鸮科 小鸮属

形态特征　小型猛禽，全长 21 ~ 25 厘米。没有羽簇，外形比较浑圆，虎头虎脑的，白色眉纹比较明显；上体土褐色，缀有较大的白色斑点；下体白色，具褐色纵纹；虹膜黄色。

实用观察信息　留鸟，从平原到山区都有分布。

以前农田较多的时候，在村庄附近、田间地头常能见到纵纹腹小鸮，城区附近的一些荒地中也有分布。但近些年来，随着城市扩张、农田减少，纵纹腹小鸮在近郊变得不太常见了。不过在远郊区，它们依然是比较常见的猫头鹰种类。

纵纹腹小鸮通常白天休息，喜欢落在土堆、墙头、大树主干分叉处等地方，有时也会停在电线上。它们傍晚出动，捕捉鼠类、小鸟，也吃昆虫。在城区周围生活的纵纹腹小鸮，因为鼠药的使用造成鼠类减少，它们转而更多地捕捉麻雀之类的小鸟。

（摄影：娄方洲）

日本鹰鸮 *Ninox japonica*

别名 青叶鸮

分类类群 鸱鸮科 鹰鸮属

形态特征 小型猛禽，全长 28 ～ 30 厘米。外形偏瘦，头圆、无明显面盘；眼睛虹膜黄色；上体褐色；下体具棕色宽纵纹。

实用观察信息 旅鸟、夏候鸟，4 月至 10 月可见。已知的繁殖和目击地多是近山区平原林地。迁徙时市区林地亦可见到。

日本鹰鸮日暮时分开始活动，白天站在树上隐蔽处睡觉，有时会被喜鹊发现而遭骚扰驱逐。它们主要捕捉大型昆虫、蝙蝠，也会抓小鸟。

北大校园曾有一对日本鹰鸮稳定繁殖，不过后来可能因拍摄者干扰大，加之巢树被修剪，之后便不见了。另外，前几年在颐和园大树洞繁殖的一窝，也遭聚众围拍，所幸管理方拉警戒线不让过分靠近。后来听说出于安全和大树健康考虑，那个树洞被封堵。日本鹰鸮比较依赖利用天然树洞繁殖，在市区生活比较艰难，或许增设人工巢箱可以解决部分问题。

长耳鸮 *Asio otus*

别名 长耳木兔、猫头鹰

分类类群 鸱鸮科 耳鸮属

形态特征 中型猛禽，全长 33 ~ 40 厘米。雌雄相似。为经典的"猫头鹰造型"：圆脸、两个"耳朵"突出头顶，圆圆的橘黄色大眼睛目视前方，浑身满布驳杂的斑纹。

实用观察信息 全年可见，以春秋迁徙季节为多，夏季有零星繁殖，冬季在比较安静的园林树丛、郊区松林等处越冬。

长耳鸮可以算是民间猫头鹰形象的经典原形，外貌"标准"且数量多，常为人所见。它们白天多藏在树冠隐蔽处休息，直到黄昏才舒展一下筋骨，然后外出活动。春秋迁徙季节，在京郊的一些大树上，有时能见到十几只甚至几十只长耳鸮在树上休息。冬季，一些长耳鸮会选择在市区的园林过冬。二十年前，天坛、雍和宫这些古代园林都曾是长耳鸮聚集的越冬地。后来由于干扰增多，加之鼠药大量使用造成食物减少，它们陆续从这些地方消失了。

白天，长耳鸮在休息中。

食茧

　　不过，在市郊的一些森林公园、荒地环境，依然有长耳鸮越冬。它们因为鼠类减少改变了食谱，会更多地捕捉麻雀和蝙蝠。

　　如不是"熟人领路"，寻找长耳鸮会比较困难——它们有很强的保护色，遇惊扰后会收紧羽毛、竖起耳羽簇，外形像段枯木藏在针叶树树冠中。不过，这种寻找过程也是自然观察的乐趣之一。过程中我们可多留意高大松柏的树冠及树下有无白色粪便、食茧（鸟类会将食物中消化不了的毛、骨头之类压缩成团吐出）等痕迹。观察长耳鸮（包括其他猫头鹰）忌聚众扎堆，白天它以休息为主，不要为了让其睁眼或动一动而大呼小叫甚至扔东西，这样只会使它们不安。如若干扰太大，长耳鸮便会起身飞走，动作会显得十分慌乱。141

短耳鸮 *Asio flammeus*

别名　小耳木兔

分类类群　鸱鸮科 耳鸮属

形态特征　中型猛禽，全长 34 ~ 40 厘米。粗看起来，除了头部没有明显羽簇外，其余和长耳鸮相似。仔细看会发现，两者还是有些细微差异，比如短耳鸮整体色调偏冷，眼睛虹膜柠檬黄色，黑眼圈更明显。

实用观察信息　旅鸟、冬候鸟，10 月至次年 4 月可见。喜欢开阔生境，常见于农田、河滩、草坡、荒地这类生境。

　　短耳鸮白天多栖息于僻静的地方，在黄昏时分外出活动，不过有时也会在白天出来。在北京越冬的短耳鸮多数都在远郊的荒地栖息，在北京市区和近郊并不太常见。不过迁徙季节里，白天也常能看到它们飞经城区上空，有时飞得非常高，若不亲眼所见，很难想象大白天里能有猫头鹰展翅高飞。

（摄影：娄方洲）

普通夜鹰 *Caprimulgus indicus*

别名 贴树皮

分类类群 夜鹰科 夜鹰属

形态特征 中型攀禽，全长25～27厘米。外形十分古怪，周身羽色如斑驳的树皮，看不清具体羽毛界限。飞起来翅长而尖，有些像隼。

实用观察信息 夏候鸟、旅鸟，5月至10月初可见。繁殖期多栖于山区林地；迁徙季节，身影遍及平原和山区的林地、林缘。

普通夜鹰相貌非常怪异，初看上去樱桃小口一点点，甚至有种"没嘴"的感觉，实际上它们的口裂非常大，张开后像一个大篓子，这也方便它们在飞行中兜捕各种昆虫。白天，它们主要处于休息状态，落于地面或较粗的树枝上，因羽毛纹路斑驳而极具迷彩效果，隐蔽性很强，不容易被发现。民间也把普通夜鹰叫作"贴树皮"，非常形象，如果不近距离仔细看，感觉它就像翘起的一块树皮。黄昏时分，普通夜鹰开始活跃起来。繁殖期里，它们还常发出类似机关枪射击时的"啾啾啾啾啾啾"声，有时彻夜都能听到。

在市区，一样会有普通夜鹰栖息。傍晚，它们飞出后，经常光顾路灯附近，捕捉灯光引来的飞虫。白天，它们有时会被喜鹊发现，遭到驱逐而迫不得已在树间快飞。迁徙季节里，有些普通夜鹰个体也会受到玻璃幕墙的伤害，误撞受伤甚至身亡。

总体来说，普通夜鹰不怎么怕人，即便是在夜晚活动时。有时它会伏在山区公路上，车灯或手电筒照亮后会看到它们反光的大眼睛。只要不是有意驱赶，它们多是向前飞一小段稍作躲避。如果人站在原地不动观察，它们会更加从容，在观察者周围飞来飞去，有时还会落到地上迈着小步低头捉蚂蚁吃，走到距离人很近的地方也不慌张。

普通雨燕 *Apus apus*

别名 楼燕、北京雨燕

分类类群 雨燕科 雨燕属

形态特征 小型攀禽，全长 16 ～ 18 厘米。雌雄相似。周身褐色，眼先及额喉部浅灰色，眼睛大而明亮，脚为前趾型。通常见到的普通雨燕都为飞行状态，两翅长弯如镰刀，尾具叉。

实用观察信息 夏候鸟、旅鸟，4 月至 8 月可见。普通雨燕十分常见，尤其在有高大古建筑的地方（如前门、鼓楼、北海公园、颐和园等）以及湿地上空数量很多。每年 4 月初，北京上空即可见到普通雨燕，5 月至 6 月是高峰期，7 月中旬以后数量日渐减少。

雨燕是一类很特别的鸟，飞行快、很少落地，觅食甚至睡觉都在空中完成，它们只在繁殖期会长时间停在巢中孵卵。普通雨燕是与我们生活距离最近的一种雨燕，它们很喜欢在古建筑的檐下空隙、瓦片下的孔洞等地方做巢，而且会连年使用。

以前，普通雨燕的数量非常多，夏日黄昏，它们纷纷出动觅食，一大群飞起来浩浩荡荡，叫声显得"声嘶力竭"，甚至有些刺耳。后来，

在古建屋檐下的 ▶
孔洞结构中做巢

为了保护古建筑少受鸟粪的侵蚀，工作人员为其加装了防护网，但这也妨碍了普通雨燕营巢繁殖。曾有一度，能明显感觉到它们的数量开始下降。不过近些年来，普通雨燕开发了"新楼盘"，学会了在现代建筑上做窝，比如高架桥的桥板缝隙里、阁楼孔洞等。此外，它们还会抢占金腰燕的巢。随着新生活的推进，它们慢慢又变得比较容易见到了。

普通雨燕在清晨和傍晚比较活跃，其余时候由于飞行高度较高，不好观察。另外，它们会频繁光顾湿地，因为这里昆虫比较多，有利于它们在空中飞行时张嘴兜捕。它们每天还会固定飞到水面上方，然后张开嘴低空滑行着从水面掠过完成饮水。摸清这些行为规律会给观察提供便利。

147

普通翠鸟 *Alcedo atthis*

别名 翠鸟

分类类群 翠鸟科 翠鸟属

形态特征 小型攀禽，全长 15～18 厘米。色彩斑斓，由蓝绿、天蓝、橙、白几色组成，特征十分突出，不易认错。雄鸟嘴全黑色，雌鸟下喙橙色。幼鸟羽色较成鸟黯淡一些，下体及足略带褐色。

实用观察信息 全年可见，可能有些个体属于留鸟。适应性非常强，几乎在北京各处湿地环境都有分布。

在湿地湖畔，普通翠鸟是一道极其亮丽的风景。它们叫声清脆尖锐，常在飞行中发出间断的"嘀——嘀——"声，同时伴随着一道蓝光（上背至尾部的蓝色羽毛）闪过，让观察者眼前一亮，由此得知普通翠鸟飞临。

普通翠鸟喜欢立于水边的突出物上，如石头、挺水植物的枝叶或树枝上，它们有时也会站在电线上，低头注视水下的鱼情，一旦确定目标便俯冲而下冲入水中，瞬间便从水中飞出，返回刚才的落

脚点。如果狩猎成功，它们便试图吞咽捕获的鱼虾。若猎物较大或剧烈挣扎不好吞咽时，它们会叼着猎物朝树枝或石头上猛甩头，将其撞晕、摔散架，甚至撞死，以便利于进食。有时，它们也会在水面上空振翅悬停，并低头确定目标位置，然后发动攻击。

　　普通翠鸟喜欢在湿地岸边比较陡的土坡上凿洞做巢。近些年来，它们在城市湿地也找到了合适的繁殖场所，比如湖岸边的石头缝隙、河堤的排水管。冬季，北京市区公园的船坞周围常有水泵工作，防止水面冻结，也会吸引普通翠鸟在此越冬觅食，因此它们在城市里生活得还是比较惬意的。

蓝翡翠 *Halcyon pileata*

别名 喜鹊翠

分类类群 翠鸟科 翡翠属

形态特征 中型攀禽，全长28～31厘米。雌雄相似。头戴"黑帽"，上体靛蓝色，腹部棕黄色，大嘴鲜红如红辣椒，非常容易辨认。

实用观察信息 夏候鸟、旅鸟，5月至10月可见。夏季，在北京的山区溪流、河谷生境繁殖；迁徙时可见于各处河道、湖泊等湿地生境，城市公园的人工湖区域也有出现。

　　蓝翡翠胆子很小，警惕性特别高，观察过程中很难接近。所以，不建议观察时过分靠近，借助车或其他固定掩体的掩护能稍好一些，不过也不宜扎堆观察。对蓝翡翠繁殖巢的拍摄更应持谨慎态度，尽量避免没有必要的拍摄。近些年，一些拍摄者组团前往各地的蓝翡

（摄影：关翔宇）

翠繁殖点拍摄，使用树枝、石块堵洞之类的方式，迫使叼着食物回来喂雏的亲鸟无法顺畅回家，不得不在附近反复徘徊巡飞，他们好借此拍摄蓝翡翠飞行的画面，这是极度恶劣的行为。

　　和普通翠鸟一样，蓝翡翠捉到猎物后，如果猎物较大或挣扎比较激烈而难以吞下，它们也会叼着猎物朝树枝或石头上猛甩，直到能顺利吞下为止。它们不只吃鱼虾，大型昆虫、蛙类、蜥蜴、小蛇等照单全收。

　　迁徙季节，在北京市区公园小湿地观赏过路歇脚的蓝翡翠也是一个不错的选择。这里游人较多，容易使蓝翡翠"习惯化"，加之其处于路过状态，只是临时歇歇脚，对周围的人反而不似在野外那么敏感。只要保持原地不动，不有意去接近、驱赶它们，有时甚至能享受十几米的近距离观察待遇。我认识一位观鸟达人，在京西门头沟区的永定河峡谷，他结识了一位蓝翡翠朋友"白点"（由于它的羽毛上有一处特殊的白色斑点而得名）。在几年中，每到春季，"白点"便如约而至，一人一鸟，"相看两不厌"地在都市边的山水画廊中度过整个夏季，直到冬季风催促它向南迁徙。可见在没有干扰的情况下，蓝翡翠每年的繁殖地是相对稳定的。

　　然而，这种羽色艳丽、引人注目的美丽鸟类正受着环境变迁和滥捕的威胁。希望每个夏季，依旧流淌的清溪能再迎来它的故交，让北京更多一些亮丽鲜活的颜色。

冠鱼狗 *Megaceryle lugubris*

别名 花斑钓鱼郎

分类类群 翠鸟科 鱼狗属

形态特征 较大型的攀禽，全长 37 ～ 42 厘米。上体密布黑白斑点；头部具发达羽冠；下体白色，有黑白相间的胸带，不容易认错。

实用观察信息 留鸟，主要分布于郊区及近郊的各大河流、湖泊湿地，在市区较少见。

冠鱼狗多栖息于山区及近山区的溪流、池塘等湿地环境，常单独或成对活动。它们的觅食习惯和翠鸟、蓝翡翠的相似，也属于"静等—突袭"类型。不过因其体形更大，所以能捕捉一些更大的猎物。

目前，京郊的十渡山区湿地是个比较稳定的冠鱼狗观察点，在其他一些地方的类似生境中也能见到它们的身影。冠鱼狗喜欢站在溪流中比较突出的大石头上，有时也会落在湿地附近的电线上，寻找时可多加留意。

（摄影：郝建国）

戴胜 *Upupa epops*

别名 臭咕咕

分类类群 戴胜科 戴胜属

形态特征 中型攀禽，全长 25～32 厘米。雌雄相似。身披棕、白、黑三色花格衫，头顶冠羽具黑色斑点，打开后形如蒲扇，不易认错。

实用观察信息 全年可见，常见于农田、草坪、林缘等地方。其居留型不好判断，有可能在北京繁殖的个体会到南方越冬，而在更北方繁殖的个体冬季会在北京越冬，也可能有留居的。

　　以前，北京各处还有较多农田时，戴胜非常多见。随着农田、苗圃等环境的减少，戴胜数量有所下降，不过依然是常见鸟。它们的形态几乎不会被认错，头顶的冠羽会在兴奋、紧张的时候打开，一抖一抖的。戴胜喜欢在植被不太密集的地面觅食，用嘴不断地往土里插，试探着寻找藏在土下的蝼蛄、蟋蟀或其他小虫。从远处看去，觅食过程中它们头部合拢着的冠羽也会跟着哆嗦抖动，非常有特色。戴胜喜欢在天然树洞中营巢，以窝臭（因为堆满粪便并混杂着尾脂腺分泌物）出名。

觅食中

　　如今在北京市区，虽然适合戴胜栖息觅食的环境少了，不过它们也学会了适应新生活，开始在墙洞之类的地方营巢繁殖。它们并不太怕人，在公园草坪上，经常能看到戴胜挪着小碎步边走边低头找吃的。只要不是有意驱赶，有时它们甚至能距离游人三五米远，毫不惊慌。戴胜这种"大大咧咧"的"脾气"和地面觅食的习惯，加上它起飞时速度较慢，使其经常沦为流浪猫的受害者，这也是现代城市带给鸟类的悲剧。

　　关于戴胜，有一段历史上的公案。宋元时期著名的书画家赵孟頫有一幅著名的《幽篁戴胜图》传世，熟悉鸟类的观者会发现，画上的戴胜看上去似乎有些别扭。原来作品中的戴胜掺杂了一些珠颈斑鸠的特征。笔者大胆猜测，由于戴胜和珠颈斑鸠经常同区域活动觅食，它们的俗称也有部分近似，例如，戴胜在北京被称为"呼哱哱""臭咕咕"，而民间又把珠颈斑鸠别称为"鹁鸪"，赵孟頫老先生可能就是受了这个影响，错把这两种常见的鸟类"合而为一"，绘成画作并流传至今了。

亲鸟育雏中　　155

蚁鸮 *Jynx torquilla*

别名 蚂蚁鸟、蛇皮鸟

分类类群 啄木鸟科 蚁鸮属

形态特征 小型攀禽，全长 16～19 厘米。雌雄相似。身上的斑纹零乱但极具特色，外貌几乎让人过目不忘。

实用观察信息 主要见于春秋迁徙季节（4 月中旬至 5 月中旬，8 月中旬至 9 月中旬）。常在林缘、林下空地活动，市内公园、小区及郊区树林都可见到。

蚁鸮喜欢在地面捕捉蚂蚁，它们会快速伸缩舌头把蚂蚁粘进口中，有时也会落在树上临时停歇或觅食树干上的蚂蚁。受到干扰时，蚁鸮常会站在原地扭动头颈（可能是出于拟态保护），配合其羽毛纹路，看上去特别像是蛇的威胁姿势，非常诡异。因此很多老人认为这种鸟不祥，禁止小孩子捕捉玩弄，在一定程度上也保护了蚁鸮的种群。蚁鸮比较"安静"，寻找时需格外留意林缘、灌丛下地面，避免将其惊飞，或被其保护色蒙蔽。

星头啄木鸟 *Dendrocopos canicapillus*

别名 小啄嗒木

分类类群 啄木鸟科 啄木鸟属

形态特征 小型攀禽，全长 14～17 厘米。上体黑白杂斑，不过背部下方通常白色比例较大，平时攀在树上时，从背后看过去显得背部很白；下体浅棕色，具深色条纹。

实用观察信息 留鸟，各处都有分布，市区里绿化较好的公园、小区、街道也常能见到。

　　星头啄木鸟是北京常见三种啄木鸟中个体最小的。和大斑啄木鸟及灰头绿啄木鸟相比，星头啄木鸟活动时的动静比较小，敲木声不那么强烈，在市区容易被周围环境中嘈杂的背景音遮盖，飞起来也因个头小而不那么显眼。

　　星头啄木鸟很喜欢在较细的树枝上敲敲打打，啄取藏在树皮下不太深处的虫子。它们较少下到地面上进行长时间活动觅食，观察时可多留意下乔木的细枝头。

大斑啄木鸟 *Dendrocopos major*

别名 花嘴嗒木

分类类群 啄木鸟科 啄木鸟属

形态特征 中型攀禽，全长 21 ~ 25 厘米。上体黑白搭配，翅上有一块大白斑，很容易辨认。成年雄鸟枕部有一块红色，雌鸟无。幼鸟头顶红色。

实用观察信息 留鸟。是北京最为常见的啄木鸟，遍布城乡，即便在繁华的市区，行道树上也时常能见到。

大斑啄木鸟很狡猾，如果发现有人停下来看它，便会转到树干背后去。若人也跟着转过去，它要么继续转着捉迷藏，要么直接飞走（其他啄木鸟也有类似行为）。观察时尽量不要跟着它围着大树转，在较远处稍作停留，它便很快恢复正常活动。

繁殖期里，大斑啄木鸟会发出一阵阵连续的"笃笃笃"敲击树干的声音，非常容易听到，这是它们在占区炫耀，有时它们也会敲

雌性成鸟

幼鸟伸出长舌头取食树枝上的小虫。 ▲

这株柏树"感染"了大量蠹虫，一只 ▶
成年雄性大斑啄木鸟为取食蠹虫，将
树啄得"皮开肉绽"。

击广告牌等。我曾就读的校园附近有一对大斑啄木鸟"爱"上了教
学楼顶的学校金属名牌，它们经常落在上面，发出一连串敲锣似的
啄击声，非常滑稽。大斑啄木鸟的叫声听起来非常响亮，也很诡异，
有点像奸笑声。以前它们都在大树上啄洞繁殖，近些年来，它们也
学会了在楼体的保温层上啄洞做窝。大斑啄木鸟喜欢啄食藏身于树
干内的虫子，也会到地面上啄找藏在土里或落叶下的昆虫。此外，
它们还喜欢啄食松子等坚果及浆果类食物。

灰头绿啄木鸟 *Picus canus*

别名 绿啼嗒木

分类类群 啄木鸟科 绿啄木鸟属

形态特征 中型攀禽，全长 27 ～ 32 厘米。上体灰绿色，下体浅灰色，眼先、颊纹、后枕部黑色。雄鸟头顶红色，雌鸟无。

实用观察信息 留鸟，广布于各处林地环境。

灰头绿啄木鸟是北京地区体形最大的啄木鸟，虽各处都有分布，但不如大斑啄木鸟常见，它们更偏好有大树的林地。除了在树上觅食，灰头绿啄木鸟也经常会下到地面，在大树、灌木的基部翻找食物，或在草地、收割过的芦苇地觅食，还会啄蚁穴取食蚂蚁。所以经常会看到它们在地面上，不停地用嘴猛啄。

灰头绿啄木鸟警惕性比较高，发现有人注意它时，也会像大斑啄木鸟那样绕到树干背面躲避，不过更多时候它会选择飞走，所以观察时要注意保持距离，不要盲目靠近。

雌鸟

雄鸟

161

蒙古百灵 *Melanocorypha mongolica*

别名 百灵

分类类群 百灵科 百灵属

形态特征 小型鸣禽，比麻雀稍大，全长 16 ~ 20 厘米。雌雄相似。上体棕褐色，下体偏白，胸前有一条较宽的黑色横带，飞起后白色的次级飞羽也很醒目，较好辨认。

实用观察信息 在北京不太常见，不过春秋迁徙季节和冬季，在郊区的农田、荒滩环境，可以见到旅经或者越冬的群体。

　　蒙古百灵多集群活动，喜欢开阔的生境。每年冬天可到北京野鸭湖、十三陵水库等开阔区域的河岸草滩去寻找。由于它的羽色和枯草、土地十分接近，需要特别仔细地观察，否则很容易错过。

　　以前，在华北地区的笼鸟饲养传统中，蒙古百灵与红喉歌鸲、蓝喉歌鸲、沼泽山雀、画眉、黄雀并称六大鸣鸟。正是蒙古百灵那自由奔放的天性，婉转嘹亮的歌喉，惟妙惟肖的效鸣，使其成为非法捕猎的目标。现在它已是国家二级保护动物，人们更希望它自由快乐。

（摄影：姜方洲）

云雀 *Alauda arvensis*

别名 鱼鳞燕儿

分类类群 百灵科 云雀属

形态特征 小型鸣禽，全长17～19厘米。雌雄相似，上体偏棕色，肩背部浅色羽缘组成鱼鳞状图案，下体白色。头顶有小冠羽，兴奋时竖起。

实用观察信息 旅鸟、冬候鸟，10月至次年4月可见。主要活动于农田、草滩生境。

云雀虽常见，但因羽色和枯草接近，所以常被忽视。受惊时，云雀会惊叫着起身高飞。有时它们也会低身潜伏，待危险过去后再恢复活动。寻找时，可在较远处用望远镜耐心搜索，时而便会遇到寂静草滩"生"出云雀的情况。云雀歌声极其婉转动听，春夏繁殖季里，雄鸟喜欢站在较突出的石块、土堆上鸣唱，比较容易观察。

北京的养鸟人对云雀还有个称呼叫"阿鹨儿"。每年繁殖季里，会有大批雏鸟被盗猎贩售；而在越冬地，云雀也会遭受猎夹、毒饵等威胁，这些都会对其种群造成极大危害。

（摄影：娄方洲）

家燕 *Hirundo rustica*

别名 拙燕

分类类群 燕科 燕属

形态特征 小型鸣禽，全长 15 ~ 19 厘米。雌雄相似。头和上体蓝黑色，具金属光泽；下体白色；额头、喉部栗红色；尾深叉状，尾羽上具白斑。

实用观察信息 在北京各处非常常见，特别是靠近水域的地方，主要为旅鸟和夏候鸟，多见于 4 月至 10 月，早至 3 月初、晚至 11 月也可见到零星个体。

　　家燕是一种广为大众所熟识并喜爱的小鸟，它们喜欢在平房屋檐下或房梁之类的地方做窝并连年使用。北京在文化习俗上有保护家燕的传统，老人们对家燕在自家房檐下筑巢是抱有好感的，也会阻止孩子和猫对家燕巢的破坏。三十多年前，曾有人带着一笼家燕在北京龙潭湖鸟市兜售，当场被人们斥之为"缺德"。

　　不过，随着农田湿地的减少以及旧式平房的改造，家燕逐渐失去了一些适合觅食和繁殖的环境，数量不如过去多了。所幸，它们

努力寻找着新的营巢场地，比如楼道照明灯台、低楼层的房檐等地方，依然顽强地在我们身边生活着。现在，一些热心的爱鸟人士在一楼墙外安装适合家燕做窝的小平台，很快家燕又回到了我们身边，并且逐年扩大着队伍。相信 "微雨燕双飞" 的情景在不久之后又能重新回到我们这个城市当中。

亲鸟趴在巢中，看护着出壳不久的雏鸟。

巢内育雏

在北京，家燕每年通常能繁殖两窝，成鸟会去水边衔湿泥、杂草来筑碗状的巢。若在家门口发现有繁殖的家燕巢，可以在三五米外定点长期观察，看亲鸟孵卵育雏，看小燕子逐日长大离巢，这些都是非常好的观察素材。独立的雏燕们会集成上百只的大群在湿地周边活动，它们时飞时落，休息时便落于水边的芦苇、大树或电线上。每年 6 月下旬和 8 月下旬，在北京市区公园湿地周边，常能见到这样壮观的场景。

幼鸟出窝后，头几天会比较集中地落于树枝、电线等处，亲鸟频繁过来喂食。

金腰燕 *Cecropis daurica*

别名 花燕、巧燕儿

分类类群 燕科 金腰燕属

形态特征 小型鸣禽，全长 16～20 厘米，外形几乎和家燕一样，比其稍大一丁点儿。颊至枕后红褐色，腰部有很宽的棕黄色横带，故而得名"金腰"。下体近白色，有深色细纵纹。

实用观察信息 常见的夏候鸟，4 月至 10 月初可见，春秋季也可见大量迁徙旅经的群体。

金腰燕在北京俗称为"巧燕儿"，这是相对于家燕被称为"拙燕"而言的，所谓的巧拙之分，其实就是它们筑巢上的区别：家燕往往在城区传统建筑屋檐下修筑一个碗形的鸟巢，金腰燕则多分布在山区，经常在山间人家的屋檐下筑一个类似倒长颈花瓶的鸟巢（近些年来，在市区也越发普遍），这两种燕巢形状上的差别总让人们认定金腰燕

（摄影：娄方洲）

是建筑方面的能工巧匠，身手不凡。

　　金腰燕和家燕的境况有些类似，它们都喜欢在平房屋檐下做窝，曾因栖息地的萎缩数量变得不如以前多了，而后又慢慢开始适应新的城市生活，在逐步恢复。

　　"进城"后，金腰燕曾有一度常选择较高楼层的房檐或阳台顶下做窝，后来楼房阳台陆续封了起来，金腰燕再次面临无处繁殖的境遇。不过近些年，它们也频频开始在一楼房檐下安家，并且常会抢占家燕巢，而后在此基础上将其改建成自己那独具特色的"倒瓶"状巢。在一些地方，金腰燕的数量开始恢复，慢慢变得多见起来。

白鹡鸰 *Motacilla alba*

别名 白马兰花、白马尿

分类类群 鹡鸰科 鹡鸰属

形态特征 小型鸣禽，全长 17 ~ 20 厘米。成鸟周身黑白配色，很容易识别，但亚种间变化较大。

实用观察信息 主要为夏候鸟、旅鸟，有零星个体在此越冬。较为常见，主要栖息于开阔的农田、湿地、沼泽环境，较少出现在林地内部。在北京市区公园的湿地、草坪上也能见到。

　　白鹡鸰多单独活动，有时能在一处同时见到三五只甚至更多只的小群，但它们彼此间并不太紧密，看起来都在各忙各的。白鹡鸰平时多以走走停停的运动方式觅食地面和空中的各种昆虫，活动时尾巴会上下颠，刚飞落停歇的时候尤甚。它们也会攀在挺水植物上，伺机飞出捕捉豆娘、蜻蜓之类的昆虫。

　　白鹡鸰并不太怕人，只要不是突然快速靠近，它们通常仅是快走几步躲避一下。如果定点观察，它们有时会走到距人很近的地方，

（摄影：娄方洲）

很容易观察。白鹡鸰在飞行时常伴随发出"叽叽、叽叽"清脆的叫声，飞行路线上下颠簸，呈波浪形。

白鹡鸰适应性很强，比较亲水，雨后如果公路路面上有些积水，有时都会吸引它们前来。

捕食豆娘　　**171**

树鹨 *Anthus hodgsoni*

别名 麦嗞儿、油松儿

分类类群 鹡鸰科 鹨属

形态特征 小型鸣禽，全长 15 ~ 17 厘米。雌雄相似。上体橄榄绿色；下体浅棕黄色近白，满布深褐色纵纹；眉纹白色，耳后有一白斑。

实用观察信息 主要为旅鸟，有少量个体在此越冬。主要栖息于山区及平原地区的林地、林缘，较少出现在特别开阔的生境。在北京市区公园、小区的绿化带也能见到。

　　迁徙季节里，过境的树鹨特别多，在北京市区、郊区的林地都很容易看到。它们不太怕人，有时行人从边上路过，它们也只是静止观望或往远处边慢走边回头。偶尔因人无意中靠得过近，树鹨迫不得已起飞躲避，但通常只是飞落到附近树木的低枝上，人稍回避它们就会飞下来，很方便观察。

　　树鹨觅食时会边走边找地面的虫子。有时人坐在公园林下长椅上，周围的树鹨便会自如活动。它们的活动时常会吸引来猛禽，运气好的话能看到雀鹰偷袭或者红隼从天而降追捕它们，场面非常激烈。

水鹨 *Anthus spinoletta*

别名 冰鸡

分类类群 鹡鸰科 鹨属

形态特征 小型鸣禽，全长 15～18 厘米。雌雄相似。上体灰褐色；下体为较淡的沙褐色，胸部及两胁缀以棕色纵纹。

实用观察信息 主要为旅鸟，有少量个体在此越冬。平原、山区的溪流、湿地浅滩附近都有分布，很常见。

水鹨平时多三三两两在湿地浅水区域及岸边活动觅食，不怎么怕人，它们边走边低头啄食水面、岸边和浅水中的昆虫等无脊椎动物，有时也会捕食小鱼。当人驻足静止观察时，它们常来回徘徊，有时距离人仅两三米。

在市区公园，平时湖水较深且浅水堤岸较少，少有水鹨出现，冬季结冰后及春季仅少量湖冰开化时会有水鹨光顾。特别是园林种植的芦苇收割后会露出泥滩，常吸引来大量水鹨。春季摇蚊大量出现时，水鹨更是密集，它们会捕捉在低空飞舞或在石头上晒太阳的摇蚊。

白头鹎 *Pycnonotus sinensis*

别名 白头翁

分类类群 鹎科 鹎属

形态特征 小型鸣禽，全长 17 ～ 21 厘米。雌雄相似。头部黑色、上有两处白色区域（耳羽、眼后至枕部区域），对比十分明显，凭此特征基本就能判断了。上体灰绿色，下体浅灰色。

实用观察信息 近年来逐渐成为北京常见留鸟，从市区到郊区农田、低山环境都有分布。

　　白头鹎原本是南方常见的鸟种，以前在北京并不多见。近二十年来，白头鹎的种群逐步扩大，如今已成为北京非常普遍的留鸟。它们的生活环境比较多样，繁殖期需要在灌木或乔木上做窝，窝状如小碗，由细枝、草等编织而成。白头鹎常在树林、林缘草地、湿地、苇塘等多种环境活动觅食。

　　白头鹎的叫声很具特色，有婉转响亮的歌声，平时也会发出一串串"嘟噜噜噜"的颤音，听几次便令人印象深刻。在市区，绿化种植

▲ 捕食在香蒲叶
上藏身的蜘蛛

的忍冬所结的果，常会吸引成群的白头鹎每日前来取食。它们每年能繁殖 1 ~ 2 窝。繁殖期里，白头鹎的巢有时距离人很近，甚至就在窗外的紫叶李上或路边的蔷薇丛中。只不过由于枝叶遮挡，人们经常路过也不会察觉到。等到秋天，叶子掉落后，它们的巢就容易见到了。

　　2019 年夏季，我在一处校园里听到有白头鹎一直在发出怪异叫声，类似争斗呼救，走过去发现，一只成鸟在茂密的竹丛地面上，脚下按着什么东西在啄，看到人走近后仓皇飞离。而地上是一只垂死的白头鹎雏鸟，当时还有呼吸，但是其头骨已破裂，无力回天了。随后在一旁发现了另一只已经死亡的雏鸟，观察附近未发现白头鹎鸟巢和其他成鸟。白头鹎这种"杀婴事件"，我还是第一次碰到！

175

太平鸟 *Bombycilla garrulus*

别名 十二黄

分类类群 太平鸟科 太平鸟属

形态特征 小型鸣禽，全长17～21厘米，体形稍胖。雌雄相似。整体为较浅的紫褐色，头顶有明显羽冠，贯眼纹及额部黑色，12枚尾羽末端有一个黄斑，易于识别，也因此得俗名"十二黄"。

实用观察信息 主要为冬候鸟和旅鸟，每年11月至次年4月初可见。在北京冬季比较常见，从市区的公园、居民区到郊区山野都有分布，常见于有松柏类针叶林分布的环境。

太平鸟喜欢集群活动，有时甚至能多达百只聚集在一起。冬季，它们偏好取食圆柏种子、忍冬果实，在公园中有类似植被的地方可多加留意，太平鸟经常连日光顾。它们飞行时常伴随着鸣叫，叫声轻柔，是一长串类似"唧——唧——唧"的金属音。

太平鸟和小太平鸟为北京人所熟悉，其实和北京的城市绿化有着相当大的关系，在太平鸟和小太平鸟南迁过冬的"大年"当中，

取食圆柏球果

太平鸟有时也会进入居民小区活动觅食。

即便在市中心喧闹的街市上，也能看到它们忙碌觅食的身影。北京街区常见的国槐和圆柏是太平鸟和小太平鸟冬季主要的食物来源。槐树荚果里面的种子和圆柏的球果为这些远道而来的旅者提供了珍贵的食物能量。偶尔再加些金银忍冬的红色浆果调剂口味，它们就能熬过寒冷的冬日。由于不太畏惧人类，我们经常能看到太平鸟"噼噼啪啪"地啄食国槐荚果，而对于圆柏，它们则是整个球果一起咽下。高耸的羽冠、典雅的羽色也为它们招来了"牢狱"之苦。饲养它们除了破坏生态、违反法律之外，太平鸟与小太平鸟的食性决定了它们都是能吃能拉的"大肚汉"，实在不太适于笼养观赏，还是让我们在京城的大街小巷中自然地邂逅这些远客吧。

小太平鸟 *Bombycilla japonica*

别名 十二红

分类类群 太平鸟科 太平鸟属

形态特征 小型鸣禽，全长 16 ～ 20 厘米。雌雄相似。粗看和太平鸟十分相似，仅稍小一点，甚至肉眼不容易察觉。不过两者还是有一些细节差异，最明显的就是小太平鸟的 12 枚尾羽末端有红色斑点，它也因此得俗名"十二红"。凭这点很容易将其与太平鸟区分开。

实用观察信息 主要为冬候鸟和旅鸟，每年 11 月至次年 4 月初可见。

　　小太平鸟不仅形态和太平鸟相似，习性、活动生境也与太平鸟高度重合，两者还经常混群活动。所以观察时要格外留意，在一群太平鸟中时常能找到小太平鸟的身影，反之亦然。

飞行时，翅膀有些呈三角形，较容易辨认。　　179

红尾伯劳 *Lanius cristatus*

别名　虎不拉

分类类群　伯劳科 伯劳属

形态特征　小型鸣禽，全长 18 ~ 22 厘米。嘴较粗，尖端带钩。雄性成鸟上体多为棕褐色，胸腹部浅棕黄色，头部具一条很宽的黑色贯眼纹，非常醒目，其上是一条白色眉纹（不同亚种头部外观差异较大）。雌鸟似雄鸟，不过两胁有横纹，贯眼纹在眼先的部分不明显。幼鸟周身满布棕色横纹。

实用观察信息　旅鸟和夏候鸟，5 月至 9 月可见。春秋迁徙季节较为常见，喜欢林缘、草地、农田等开阔生境，在北京市区公园的灌丛、草坪区域也能见到。

红尾伯劳虽然属于雀形目鸣禽，但整体形态与气质和猛禽有些相似，它们平时站姿挺拔威武，但叫声却较为单一，为很粗犷的"嘎——嘎——"声，繁殖季里的叫声相对婉转一些。红尾伯劳的性格也很凶猛，平时主要捕捉各种昆虫，也抓小鸟、蜥蜴、老鼠之类的动物。北京过

雄性成鸟

去有两句俗语，一句是"虎不拉（口语中读作 hù bo lǎ）串房檐儿"，另外一句是"花虎伯劳——各色"，这里的主角其实都是泛指的伯劳。在长期的认真观察当中，老北京人已经对伯劳的生活习性有了一定的了解，比如前一句指的是伯劳经常在房檐附近巡飞，搜寻麻雀等小鸟伺机捕食，这也是古代劳动人民通过对自然环境的细心观察才总结出来的。

　　红尾伯劳在北京虽然有夏候鸟，但多在郊区繁殖。倒是在迁徙季节时，城郊各处都比较容易见到它们的身影。在市区的街边公园里，若赶上人比较稀少的时候，或是在园内较为僻静的角落，都可以见到路过的红尾伯劳在那里歇息、觅食。它们常站在不太高的枝头或栅栏上，不断注视地面，时而飞出扑下，捕捉地面草丛中的昆虫。有时园林内喷洒浇灌时，会惊扰起在绿化带中休息藏身的蛾子之类的昆虫，红尾伯劳来此捉虫甚是投入，常常忽略过往行人的存在。

幼鸟

藏身灌丛中，搜寻猎物。　　181

楔尾伯劳 *Lanius sphenocercus*

别名 长尾寒露

分类类群 伯劳科 伯劳属

形态特征 中型鸣禽，全长 25～31 厘米，为大型伯劳。雌雄相似。成鸟上体浅灰色，下体近白色。翅、尾黑白相间，头部有伯劳标志性的"黑眼罩"。幼鸟似成鸟，身上有浅色细横纹。

实用观察信息 旅鸟和冬候鸟，9 月至次年 4 月可见。和红尾伯劳相似，喜欢较开阔的生境，但北京市区较少见，多见于郊区农田荒地。

楔尾伯劳很喜欢停歇在突出的灌木枝杈上，去郊野荒地观察时可多加留意。它们是体形最大的伯劳，常捕捉老鼠、小鸟之类。有的历史文献记载楔尾伯劳能猎杀山鹑大小、体重数倍于自身的鸟类。旧时秋冬季节，常见游手好闲的青年腕架伯劳，在草地林间纵猎麻雀等小鸟为乐，犹如具体而微的"鹰猎"。值得欣慰的是，在提倡鸟类保护和遵纪守法的今天，这样的活动也已经永远沉寂了。

如果想观赏楔尾伯劳捕猎，可以在较远距离驻足耐心等待，一

天下来总会有所收获。它们属于速杀型猎手，一旦从高处扑下来抓住猎物、用嘴咬住其头颈部然后猛甩头，猎物基本会当场毙命。伯劳嘴上有个齿突，像钳子一样，再加上甩头的力量，威力很大。如果被捕获的猎物较大，它们还会将猎物带到树杈上卡住，或穿在植物的刺上，然后撕扯着吃。

黑枕黄鹂 *Oriolus chinensis*

别名 黄鹂

分类类群 黄鹂科 黄鹂属

形态特征 中型鸣禽，全长 24 ~ 27 厘米。成鸟通体黄色，翅、尾黑色区域较多，头部有一条非常明显的黑色贯眼纹延至枕后。幼鸟整体偏黄绿色，下体偏白，具深色纵纹。

实用观察信息 夏候鸟和旅鸟，5 月至 9 月可见。喜欢树林环境，多栖息于郊区、山野的林地，迁徙季节在市区公园的树林中也能见到。

　　黑枕黄鹂的外貌极具特色，不易认错。它们喜欢在树林活动，而且爱落在高枝头，观察时要多留意树冠。不过，黑枕黄鹂比较胆小，在市区公园清晨和傍晚人少的时候，相对容易见到它们。黑枕黄鹂常发出类似猫叫的鸣声，搜寻时可多加留意。

　　颐和园的"听鹂馆"的"鹂"指的就是黑枕黄鹂。据记载，在北京城郊外的大树还保留比较多的年代里，从西直门到中关村这条路上就能看到黑枕黄鹂筑巢的身影。时至今日，北京城区中观察到

（摄影：娄方洲）

（摄影：郝建国）

黑枕黄鹂的机会已经比较少了，"两个黄鹂鸣翠柳"，从古至今黄鹂给人们留下的印象是深刻的，只有在野外听过黑枕黄鹂鸣叫的人，才会有这样真切的感受。这位歌手嗓音足够嘹亮，但是歌喉未必多么婉转。由于个体大、羽色亮丽、姿态优美，黑枕黄鹂成为"笼鸟文化"的受害者。其实，黑枕黄鹂在笼中饲养非常困难，大部分的黄鹂由于挣扎扑撞，很难在笼养情况下长期存活，能听到黄鹂一展歌喉的机会更是少之又少。所以说，"始知锁向金笼听，不及林间自在啼"的又何止是画眉呢？

黑卷尾 *Dicrurus macrocercus*

别名 黑黎鸡

分类类群 卷尾科 卷尾属

形态特征 中型鸣禽，全长 25～31 厘米。身形细瘦，通体黑色、具金属光泽，尾长且呈叉状，很好辨认。

实用观察信息 夏候鸟和旅鸟，5 月至 9 月可见。在低地平原较为常见，常活动于林缘、果园、农田、荒滩周边等较为开阔的区域，山区较少。迁徙季节在北京市区公园里也可见到。

　　黑卷尾因全身黑色，常被人误认为是乌鸦，其实仔细看便能发现，两者的差异还是蛮大的：黑卷尾比乌鸦小很多且叉尾很明显；它们较少落地行走觅食，而是在空中飞捕昆虫。外出观察时，可以多留意电线、枯树枝头等处，黑卷尾很喜欢落在上面，不时四处观望寻找猎物，等确定目标后便飞出，用嘴在空中直接将猎物捕获。

　　黑卷尾个体虽然不大，但很凶猛，它们飞行技巧高超，敢和比自己大的猛禽搏斗。特别是护巢期间，若有猛禽或其他鸟靠近，通常都

（摄影：关翔宇）

186

会被它们打得落花流水。黑卷尾对于体形数倍于自己的乌鸦、喜鹊等"来犯之敌"，每每会毫不畏惧地将其击退，想必也是为人们所乐道的。黑卷尾在北京俗称为"黎鸡"，也有写作"鹩鸡"的，这里的"黎"或者"鹩"到底是指它们在黎明的时候比较活跃，很早就开始鸣唱，还是指它们一身黑色的羽毛，已经无从考证了。《红楼梦》第六十一回"投鼠忌器宝玉瞒赃　判冤决狱平儿行权"中柳氏啐道："一个个的不像抓破了脸的！人打树底下一过，两眼就像那鹩鸡似的，还动她的果子！"可见黑卷尾好斗的习性自古以来就给人们留下深刻的印象。

八哥 *Acridotheres cristatellus*

分类类群 椋鸟科 八哥属

形态特征 中型鸣禽，全长 21 ~ 28 厘米。几乎全黑色，嘴前黄色，额头有一小撮羽冠，飞行时翅膀有两大块白斑，非常好辨认。

实用观察信息 留鸟，全年可见。在市区较为常见，郊区少见。喜欢在林缘活动。

八哥原本是我国南方常见的留鸟，如今已成为北京局部区域非常常见的留鸟。不过，八哥在北京呈现出城区多于郊区的状态，在城区的一些公园特别兴旺，可能是由于食物来源稳定，而且有繁殖所需的树洞。比如，动物园就是八哥种群聚集的场所。

记得在二十世纪九十年代，位于北京北土城的百鸟园曾经逃逸过一批八哥，这些"幸运儿"在北四环的中华民族园和亚运村等地附近形成了一个稳定的野生种群，随后人们发现北京城中的八哥越来越多。当然，也不排除其中一部分八哥和近些年扩散到北京的乌鸫、丝光椋鸟、白头鹎一样，大部分是随着气候和自然环境的变化

逐渐由南方扩散而来的。八哥在中国传统的笼鸟饲养中有一定的地位，但实际北京饲养普通八哥的养鸟者比较少。原因是八哥个体比较大，羽色和学习人类语言的本领比起大型鹦鹉和鹩哥都差很多，虽然饲养技术很简单，但是很难得到养鸟者的青睐，这也在无意当中使得八哥的野外生存压力小了一些。加上它们比较强势的生活习性，很少有人饲养八哥。我经常在春季看到校园的杨树上，八哥和"本地居民"——灰椋鸟——争夺筑巢树洞。由于树洞孔径比较小，八哥最终没有得逞。现在这些"外来移民"又要和丝光椋鸟、乌鸫等"新移民"竞争生存资源了，真可谓"乱哄哄你方唱罢我登场"。

　　粗看起来，八哥和乌鸫的个头、羽色相似，也喜欢在地面行走觅食。但八哥较为粗壮，额头有冠羽，飞行时翅膀的大白斑显露，很容易和乌鸫区分。

灰椋鸟 *Sturnus cineraceus*

别名 高粱头

分类类群 椋鸟科 椋鸟属

形态特征 中型鸣禽，全长 20～24 厘米。雌雄相似。成鸟灰褐色，头部颜色较深，脸颊近白色，嘴橙黄色。飞行时翅膀近似三角形，腰（实为尾上覆羽）部的白色（侧观）及尾端的白斑（仰观）很明显。幼鸟颜色偏浅褐色。

实用观察信息 全年可见，但数量会有月份波动，很可能夏候、旅经、冬候及少量留居的情况同时存在。从城区到郊区平原、低山都很常见，繁殖期会在树洞、墙洞营巢，其他时期见于林地、果园、农田、市区公园、街道小区等多种环境。

　　近年来，灰椋鸟在北京变得越来越常见。它们常成群活动，飞行时还伴随叫声，显得有点嘈杂。灰椋鸟属于次级洞巢鸟，即在洞中做窝但自己不打洞，它们会利用天然树洞或啄木鸟的旧洞等做窝。如今，它们也学会了利用建筑上的空调洞、排风孔之类的地方做窝。此外，一些楼房墙体都有外加保温层结构，经常有大斑啄木鸟在上

育雏

面做窝，而后这些"墙洞"也方便了灰椋鸟繁殖使用。此外，它们也会利用保温层的缝隙，如果看到楼房墙壁上有小孔洞，可多加留意、耐心等待，说不定过一会儿就有灰椋鸟探头出来。有时，灰椋鸟还会为了抢占一个墙洞和同类或麻雀大打出手，场面甚是热闹。

　　我在工作的校园里连续观察了十余年，几乎年年春季都会捡到还不到出飞年龄的雏鸟，这样的雏鸟大多营养状态不好，翅膀的飞羽发白，典型的营养不良，而且腹部和鸟爪上沾满了粪便。在五六月雏鸟正常离巢的时间段，常会看到几只喜鹊配合着攻击正在学飞的灰椋鸟雏鸟，这时附近的几对成鸟会集群反击喜鹊，嘈杂的争吵声此起彼伏、经久不息。

灰喜鹊 *Cyanopica cyanus*

别名 山喜鹊

分类类群 鸦科 灰喜鹊属

形态特征 中大型鸣禽，全长33～41厘米。头戴"黑头套"，身体灰色，翅、尾蓝灰色，尾长且末端具较大的白斑，下体灰白色，很容易识别。

实用观察信息 留鸟。在低山区、市区都非常常见。

    灰喜鹊喜欢集群活动，警惕性高，如果遇到可疑情况，常由一两只先发出响亮的"报警"声，紧跟着整群嚷嚷起来。若只是虚惊一场，它们则恢复之前的活动，若真有危险临近则整群大举撤离。它们喜欢在乔木丰富的地方生活，集群在大树树冠上筑巢。繁殖期里，如果有人在巢树下"鬼鬼祟祟"，常会遭到整群灰喜鹊的叫声恐吓，它们甚至飞扑下来驱赶，观察时要格外留神。另外，灰喜鹊的雏鸟常有从巢中掉到地上的情况，不建议捡走个人饲养，可以联系野生动物救助机构前来处理。实在不行，将其放在原地较为安静、没有流浪猫的区域就可以了。

　　灰喜鹊在北京又被称为山喜鹊，虽然得了山喜鹊这样一个名字，但实际上在城区，灰喜鹊已经变得越来越常见，特别是在公园绿地、行道树茂密的街道和社区里，经常能看到成群灰喜鹊鱼贯飞出，并伴随着喧杂的鸣叫。相比于近亲——各种乌鸦和喜鹊，灰喜鹊成群活动的习性使得它们在很多情况下有了生存上更多的优势。例如，当发现流浪猫等危险天敌逼近时，灰喜鹊之间可以相互提醒，起到群体防御的作用。在北京传统"笼鸟文化"中，很多鸟类需要学习灰喜鹊成群飞翔和落入林中的不同叫声，以作为养鸟人的笼鸟炫技资本。随着时代的变迁，这种养鸟方式已经逐渐被现代人所摒弃，还是让它们这种吵吵闹闹的声音都停留在大自然当中吧。

　　灰喜鹊很喜欢吃一些浆果类食物，绿化植物忍冬、桑树、构树等到了结果期，常能吸引周围的灰喜鹊前来取食。如果想观察灰喜鹊的觅食行为，可以在有这类树木的地方多加留意。

红嘴蓝鹊 *Urocissa erythrorhyncha*

别名 长尾巴练

分类类群 鸦科 蓝鹊属

形态特征 大型鸣禽，全长 51 ~ 63 厘米。雌雄相似。成鸟红嘴、黑脑袋、头顶偏白、翅尾蓝色，尾巴展开成楔形，尾羽末端具大白斑，两枚中央尾羽超长，凭借这些特征很容易识别。幼鸟羽色没有成鸟鲜艳，嘴也没有那么红。

实用观察信息 留鸟，各处都有分布，不过在山区较为常见，在平原地区多分布于一些有针叶树的大型园林中。

红嘴蓝鹊虽然比喜鹊长，但它们实际上没有喜鹊重，主要是尾羽加分，在和喜鹊争食时也常处于下风。它们也喜欢集群活动，飞行时尾羽时而展开，非常漂亮。在食性、行为习惯方面，红嘴蓝鹊和喜鹊、灰喜鹊相似，同样是杂食、爱结伙惹事、敢于攻击猛禽、不怎么怕人却又警惕性十足。

在北京市区常见的鸟类里，红嘴蓝鹊算是比较能博人眼球的，

捕食麻雀

▶ 巢及亲鸟

很多人第一次见到红嘴蓝鹊时会将其误当作某种雉类。在中国古代的绘画当中，红嘴蓝鹊经常被称为寿带，这种张冠李戴很可能与它们同样都具有飘逸的长尾羽有一定关系。相对于寿带，红嘴蓝鹊习性更加喧闹，体形更大，它们往往在人们周边寻找各种食物，所以更加为人所熟悉，这也许就是它"夺人之美"的原因了。这种美丽的大鸟，实际上很有侵略性，经常攻击其他小型鸟类和哺乳动物、爬行动物。在公园中当我们观察红嘴蓝鹊的时候，常能看到其他鸟类对红嘴蓝鹊的到来，表现出惊恐、逃避的情形，甚至有的鸟类会群起而攻之。

想要观察红嘴蓝鹊，可于构树、柿树、黑枣之类的树木果实成熟后，在附近守候，它们每天都会固定前往取食。红嘴蓝鹊的巢比较隐蔽，仅巴掌大小，呈浅碗状，由枝条搭成。不过它们很警觉，观察繁殖行为时一定注意保持安全距离，避免惊扰。

195

喜鹊 *Pica pica*

别名 花喜鹊

分类类群 鸦科 喜鹊属

形态特征 大型鸣禽，全长38～48厘米。雌雄相似。周身黑白搭配，不易认错。叫声响亮，"喳喳喳"的很有特色。

实用观察信息 留鸟，各处都很常见，不过在有人活动的地方相对更多一些。

在北京，喜鹊又被称为"大喜鹊""花喜鹊"，以区别于灰喜鹊。这是一种在中国传统习俗中占尽风头的祥瑞之鸟，传说中为牛郎织女搭桥的是它，飞上枝头报喜的也是它，因而得到了人们的喜爱与"包容"。冬季，北京很多园林的柿子都还挂在枝头，瑞雪压枝，红柿招摇，喜鹊踏雪蹬枝，啄食这份大自然留给它们的馈赠，这个场景也成为北京雪后一幅充满吉祥寓意的图画。

喜鹊实在太常见了，遍布大街小巷，即便有人叫不出它的名字，也见过这种鸟。喜鹊喜欢伴人而居，很不怕人，它们会到垃圾箱翻找食物，在人工设施（电线杆、高架塔等）上做窝，其巢材也有铁丝、

▲ 繁殖期里，不同家庭的喜鹊个体间常爆发激烈的争斗。

◀ 捕食花鼠

塑料袋等人工制品。不过它们也很机警，如果发现有人停下来注意自己，便会很快警惕起来，甚至"报警"告知附近的同伴。也许正因如此，喜鹊家族才能在我们周围如此兴旺。

喜鹊虽然在民间被看作吉祥之兆，但实际上它们也具备鸦科鸟类的共性：杂食、凶猛，好拉帮结伙"惹事"。如果机会合适，它们也会猎杀其他小动物，特别是在繁殖期里，麻雀、燕子之类的雏鸟常被喜鹊捉走喂养自己的孩子。遇到猛禽、黄鼬等食肉动物，喜鹊也敢于上前"叫骂"驱赶，甚至成群结队地追撵大型雕类。

每年11月底，一些喜鹊个体就开始折枝搭窝。有时为了地盘之争，两家喜鹊会打得不可开交，甚至战死。喜鹊的巢很大，多为球形。冬季树叶掉光后，树冠上的喜鹊巢便十分突出了。

197

夫妻合力搭建新巢

搬运长树枝 ▶

啄取湿泥 ▶

收集芦花做 ▶
巢内垫材

达乌里寒鸦 *Corvus dauuricus*

别名 寒鸦

分类类群 鸦科 鸦属

形态特征 大型鸣禽，全长 27 ~ 35 厘米。雌雄相似。成鸟周身黑白两色，容易辨认。幼鸟近乎全黑色。

实用观察信息 主要为旅鸟、冬候鸟，10 月至次年 4 月多见。主要分布于市区周边的农田、荒地。

　　达乌里寒鸦无论身型还是气质，都与我们熟悉的大嘴乌鸦、小嘴乌鸦有些差异，它们群飞起来好像一群黑鸽子似的。达乌里寒鸦的叫声较为尖厉，不像大嘴乌鸦和小嘴乌鸦那么粗哑。它们也很少深入到市区内部，通常都是从市区上空浩浩荡荡飞过，在近郊觅食。

　　"腊七腊八，冻死寒鸦儿"的民谣想必很多人都听过，由于冬季结成大群活动，达乌里寒鸦很早就被北京人熟知，长期以来与人们共居一座城市。

（摄影：宋大昭）

小嘴乌鸦 *Corvus corone*

别名 老鸹

分类类群 鸦科 鸦属

形态特征 大型鸣禽，全长 41 ～ 52 厘米。雌雄相似。全身黑色，具蓝紫色光泽。

实用观察信息 全年可见，每年 10 月至次年 4 月数量非常多，在北京各处都很常见，不过夏季多在山区繁殖。

小嘴乌鸦聪明而谨慎，很会适应城市生活。它们常在一些食物丰富的地方"赖着不走蹭吃蹭喝"，比如在动物园和饲养的动物抢饲料、在游乐场捡食游客丢弃的剩饭。冬天，它们还会在园林湖面上寻找死鱼吃。

冬季，北京城的小嘴乌鸦已成为一"景"，它们会结成大群，白天群飞到城外觅食，到了夜晚，因为城市温暖的"热岛效应"，它们会选择在城市中心区度过寒冷的冬夜。每天傍晚，动辄上千只成群结队的小嘴乌鸦由近郊区奔往城里，在王府井大街、五棵松、

日落前，大群小嘴乌鸦飞临铁狮子坟附近，准备夜宿。

铁狮子坟等若干"传统"夜宿点的行道树上过夜。它们刚落到树上时叫声不断，随着黑夜降临逐渐安静下来。在它们夜宿的地方，地面上会留下一片白花花的粪便。路人在这些地方行走时要格外小心。清晨，这些小嘴乌鸦便纷纷离去，到郊区的垃圾场、荒地等处觅食。以前的人们比较反感乌鸦，是因为带有一些迷信色彩，有的北京老人在听到乌鸦叫声后，习惯吐口水以示解除晦气。现代社会中，人们已经不再被这种封建迷信困扰了，但是乌鸦的集群越冬又带来了一个新的问题，它们大量脱落的鸟羽和粪便对地面造成了污染。有的街区通过砍伐乌鸦过夜时选择的高大乔木，变相地将这些鸟类驱离，但这终归不是长久之计。什么时候我们能找到一个既能让乌鸦有温暖的冬夜越冬场所，又能让人们和它们和平共处的方法？这可能得期待于更智慧的城市设计规划吧。

有些个体直接蹲在公路上方的
电线上过夜。

大嘴乌鸦 *Corvus macrorhynchos*

别名 老鸹

分类类群 鸦科 鸦属

形态特征 大型鸣禽，全长 48 ~ 54 厘米。雌雄相似。通体黑色，具蓝紫色金属光泽；头部的羽毛丝绒感更强；嘴粗大而厚重；前额较突出，和嘴基夹角明显。

实用观察信息 留鸟，各处都有分布，不过在山区更为多见一些。

　　大嘴乌鸦的习性和小嘴乌鸦相似，胆大、机警、不挑食，也会与小嘴乌鸦混群活动。以前，它们夏季主要生活在山区，少量个体在市区一些园林里的大树上繁殖。近些年来，在市区繁殖的大嘴乌鸦数量有所增加，夏天在高楼林立的街区也能见到它们活动。

大嘴乌鸦（下）与小嘴
乌鸦(上2只)混群栖息。

205

褐河乌 *Cinclus pallasii*

别名 水老鸹

分类类群 河乌科 河乌属

形态特征 小型鸣禽，全长 18 ～ 23 厘米。雌雄相似。成鸟周身褐色，很好辨认。

实用观察信息 留鸟。栖息于山间溪流、河谷生境。

　　褐河乌是一种很有特色的小鸟，能漂在水面自如游动。觅食时，它们跳入水中，频繁振翅潜入水下，捕捉藏在水底石头缝隙间的水生昆虫、小鱼虾等。有时，入水前它们也会站在石头边，将头扎入水中窥探。休息及觅食间隙，褐河乌喜欢站在水中的石头上。

　　褐河乌相对有些怕人，观察时须谨慎，不要靠得太近。

鹪鹩 *Troglodytes troglodytes*

别名 耗子鸟、钻窟窿眼

分类类群 鹪鹩科 鹪鹩属

形态特征 小型鸣禽，全长9～11厘米。雌雄相似。身体近球形，周身褐色，密布斑点和细纹，尾上翘，很好辨认。

实用观察信息 留鸟。繁殖期里，鹪鹩主要见于海拔较高的山区，其他时段会下到低海拔及平原地区活动，市区公园里也可以见到。它们喜欢植被茂密的湿地、灌丛等生境。

    鹪鹩性格活泼、机警，较少和其他小鸟混群。观察时人若不动，它们能在距人一两米处自如活动。清晨，鹪鹩会站在较突出的枝头或石块、木桩上鸣叫。觅食过程中，它们更喜欢在植被茂密处活动，还会在石头缝隙间进进出出，寻找里面的小虫。民间对其俗称"钻窟窿眼""耗子鸟"，非常形象。在城市公园，它们甚至会钻到井盖下面去觅食或休息。观察鹪鹩时，如发现它已钻进植被或岩石缝隙，不用急于凑近寻找，耐心等待，它就会出来。

红喉歌鸲 *Calliope calliope*

别名 红脖儿、红点颏

分类类群 鹟科 红喉歌鸲属

形态特征 小型鸣禽，全长 14 ~ 17 厘米。雄鸟整体灰褐色，头部由黑、白、红三色组成的斑纹图案非常有特色，容易辨认。雌鸟整体比雄鸟色浅，额喉部为淡红色或白色。

实用观察信息 旅鸟，每年春秋迁徙季节（4 月中旬至 5 月中旬、9 月中旬至 10 月中旬）可见。在北京城区、郊区的林地、灌丛环境都能见到。

红喉歌鸲主要在地面活动，喜欢在林下有枝叶遮掩或灌丛下比较隐蔽的地方穿行，捕食昆虫。它们胆子比较小，很机警，稍有动静就会藏身隐匿，观察时要特别注意，不能动作过大。不过，如果做定点观察，在一个地方坐着或站立片刻，它们很快就会恢复正常活动，甚至大胆地走到距离人比较近的地方。春秋两季，在公园里人少的时段，选择灌丛区域，坐在长椅上静静等待观察红喉歌鸲，是很惬意的享受。

雄鸟（摄影：娄方洲）

雌鸟（摄影：娄方洲）

　　红喉歌鸲是北京传统的著名笼鸟之一，养鸟人根据红喉歌鸲眉纹、颧纹、下颏颜色细微的差别，将其分为"细八""粉眉""亮岔""脯红"等若干种品相。随着对资源的掠夺式破坏，红喉歌鸲在北京变得少见起来。此外，它们也常成为流浪猫的牺牲品，迁徙中还会因误撞玻璃幕墙而毙命。希望通过加大保护力度、摒弃不良习俗等措施，能让这位美丽的歌者在古老城市中自由歌唱。

蓝喉歌鸲 *Luscinia svecica*

别名　蓝脖儿、蓝点颏

分类群　鹟科 歌鸲属

形态特征　小型鸣禽，全长 14 ~ 16 厘米。雄鸟具白色眉纹，颏、喉部由蓝、橙、黑三色组成，很具特色。雌鸟和幼鸟的相应部位则为黑白条纹搭配。

实用观察信息　旅鸟，每年春秋迁徙季节（5 月至 6 月上旬、9 月至 10 月上旬）可见。喜欢在湿地边的稀疏林、草灌丛和芦苇丛中活动。

　　蓝喉歌鸲不是特别胆小，如果没有大动作，它们甚至能在距离观察者三五米处活动。清晨，它们常会跳到草丛枝头歌唱，歌声婉转动听，此时也比较好观察。但平时它们活动比较隐蔽，需要耐心寻找、等待。

　　蓝喉歌鸲在北京地区传统笼鸟饲养中的地位可以与红喉歌鸲、蒙古百灵、沼泽山雀、黄雀和画眉媲美。在清代，宫廷中就流传出驯养蓝喉歌鸲的各种方式方法，以及其专用的高档笼具、器皿。蓝喉歌鸲有一种独特的习性，能够惟妙惟肖地效仿昆虫鸣叫声。很多情况下，

雄鸟

它们是在人们的刻意训练中学习诸如"伏天儿"（蒙古寒蝉）和油葫芦的叫声，但野外的蓝喉歌鸲的确也能清晰逼真地效仿蛐蛐儿鸣叫。这看似精巧的技艺给它们带来的却是无尽的灾难，每年春秋两季迁徙时节，在它们的旅途早已布满罗网。

雌鸟

蓝歌鸲 *Larvivora cyane*

别名 蓝靛杠

分类类群 鸫科 蓝歌鸲属

形态特征 小型鸣禽，全长 12 ～ 15 厘米。成年雄鸟上体蓝色，下体白色，很好辨认。雌鸟上体橄榄褐色，下体色淡，胸部有鳞状斑。

实用观察信息 旅鸟、夏候鸟，5 月至 9 月可见，夏季主要在山区高海拔处繁殖，迁徙季节遍布北京的山区、平原，即便在市区遇见的概率也很高。

 蓝歌鸲多在隐蔽性较好的林地或灌丛生境中活动，但实际上它们并不特别怕人，观察中只要不乱动，它们便会很快从躲避状态恢复到自如活动中来，在距离人七八米远的地方奔走觅食。如果采取蹲姿或坐姿观察，它们甚至能走近至距离人三五米处。

 5 月末及 8 月末至 9 月中旬的迁徙季节里，在市区的公园、小区绿地中也常能见到蓝歌鸲。清晨、午后等人少的时候，它们经常会钻出灌丛，在附近的地面上捕捉昆虫，但通常不会在特别开阔的

雄鸟（摄影：娄方洲）

这只雄鸟（可能是在捕食中）不慎将下嘴撞断，不过依然顽强地活了下来。

地方长时间停留。有时，它们先在灌丛边观望，确定猎物目标后冲出来捕捉，然后稍作停留寻找下一目标。如果长时间没有猎物出现，它们就会到灌丛里稍事躲避、休息，或转移阵地到附近其他地方继续觅食。蓝歌鸲在地面上快速跳跃觅食时，走走停停，看上去很有意思。如果不仔细看，有时只看见一个晃动的身影，还以为是老鼠之类的动物。

　　由于经常在地面活动或低空飞行，蓝歌鸲常常成为人工建筑、玻璃幕墙以及流浪猫狗的受害者。特别是在迁徙季节，有很多美丽的"蓝精灵"惨遭横祸。

红胁蓝尾鸲 *Tarsiger cyanurus*

别名　蓝尾巴根儿、蓝大眼

分类类群　鹟科 林鸲属

形态特征　小型鸣禽，全长 12 ～ 15 厘米。成年雄鸟上体、尾蓝色；下体近白色，两胁橙色；眉纹在前额处为白色，向后转为蓝色。雌鸟上体灰褐色，余部和雄鸟相似。

实用观察信息　主要为旅鸟，也有少量越冬个体。迁徙季节，在北京城郊各处的林地环境都很常见。

　　红胁蓝尾鸲平时活动觅食时多集中在地面及地上不太高的空间里，它们喜欢站在近地面的植物细枝上，伺机下到地面捕捉地上的昆虫。停歇时，它们的尾巴常快速上下小幅度震颤。觅食时，它们非常执着，人若不动，它们有时能突然飞到距离人脚边两三米的地方，啄起虫子后快速飞回，与人保持一定距离。观察红胁蓝尾鸲时，尽量不要一直跟着，虽然它们看起来并没有远离，但实际上却一直在因为害怕而与人保持距离，在它们频繁活动的地方定点观察就可以了。

雄鸟（摄影：娄方洲）

雌鸟

215

北红尾鸲 *Phoenicurus auroreus*

别名 火燕儿、倭瓜燕儿、典韦脸儿

分类类群 鸫科 红尾鸲属

形态特征 小型鸣禽，全长 14 ～ 16 厘米。雄鸟头黑顶灰，翅有一大白斑，身体余部橙黄色，中央尾羽暗褐色。雌鸟土褐色，翅白斑较小。

实用观察信息 全年可见，但有明显的季节波动。夏季在北京山区繁殖，春秋迁徙季节在城郊都很常见，冬季少量个体在此越冬。

　　北红尾鸲停落时常上下抖动尾羽，它们不太怕人，甚至能飞至距人两三米处觅食。夏季，北红尾鸲主要在山区和近山区的林地繁殖，它们常选择石缝、墙洞筑巢，会受到村民保护。北京人对它们比较熟悉，风趣地称其为"火燕儿""倭瓜燕儿""典韦脸儿"。

　　迁徙季节里，在林地、果园、城市园林、小区绿地等处都能见到北红尾鸲。园林中忍冬等植物的浆果，常会吸引它们前来取食。这些小家伙有时也会偷偷"享用"山村人家晾晒的肉类，作为能量补充。

雄鸟

雌鸟

幼鸟（左）向亲鸟乞食

红尾水鸲 *Rhyacornis fuliginosus*

别名 石燕儿

分类类群 鹟科 水鸲属

形态特征 小型鸣禽，全长 12 ～ 15 厘米。成年雄鸟周身蓝灰色，尾羽栗红色，还会频繁地打开、合拢，很容易辨认。雌鸟上体灰褐色，略有蓝色；下体白色，具灰色鳞状斑；外侧尾羽基部白色，最外侧 1 枚几乎全为白色。

实用观察信息 留鸟。主要分布于山区溪流生境，平原地区湿地附近偶尔能见到。

　　红尾水鸲在北京山区比较常见，在著名观鸟点十渡景区稳定可见，其实在其他地方，只要有类似生境，基本都有分布。

　　它们不怎么怕人，喜欢站在水边或突出水面的石头上，搜索周围的昆虫等无脊椎小动物，然后飞出捕食。观察时，不用追随紧跟，在它们常出现的位置等待即可，它们一天当中会反复光顾。繁殖期里，雄鸟之间会有明显的争鸣斗艳行为，经常打开尾羽、半垂翅膀鸣叫，非常好看。

雄鸟（摄影：娄方洲）

雌鸟
（摄影：郝建国）

黑喉石鵙 *Saxicola torquata*

别名 石栖鸟

分类类群 鹟科 石鵙属

形态特征 小型鸣禽，全长 12 ～ 14 厘米。成年雄鸟繁殖期头部黑色，上体黑褐色，腰白色，颈侧白色，胸腹浅棕色。雌鸟头、上体大部黄褐色，有深色斑，腰淡褐色，浅色眉纹较明显。

实用观察信息 旅鸟，迁徙季节（4 月下旬至 6 月上旬；8 月下旬至 10 月上旬）可见。在北京各处都有分布，喜欢栖息于开阔的农田、灌丛生境，在市区公园、小区的绿篱中也很常见。

　　黑喉石鵙常站在灌木、草叶上比较突出的地方，搜索在周围飞动的昆虫，确定目标后便会飞出捕捉，然后落回原处或附近，接着继续等待。有时，它们也从枝头落下，捕捉地上的猎物，或者直接站在地面上等待、寻觅，然后出击。它们觅食的时候全神贯注，人只要保持安静，就能欣赏到黑喉石鵙在距离人很近的地方飞舞捕虫的画面。有时在傍晚前，湿地低空处有很多蜉蝣、叶蝉、蚊子之类的小虫飞舞，黑喉石鵙会忙得不亦乐乎。

雄鸟

雌鸟

219

虎斑地鸫 *Zoothera dauma*

别名 顿鸡

分类类群 鸫科 地鸫属

形态特征 中型鸣禽，全长 27 ~ 31 厘米。雌雄相似。上体橄榄褐色，下体近白色，周身（除尾羽）满布黑色鳞状斑纹，外貌特征明显，很容易辨认。

实用观察信息 旅鸟，春秋迁徙季节（5 月至 6 月初、9 月中旬至 11 月初）可见，多栖息于低山及平原地区的林地、林园、果园、灌丛生境，在北京市区公园内也能见到。

　　虎斑地鸫活动性较为隐蔽，加之其栖息环境中植物枝叶的遮挡，并不太容易在距离较远处提前发现它的行踪，以至于有时人走到跟前了，它突然起飞逃走，只能看到一个身影。虎斑地鸫并不是特别怕人，有时坐在林子里休息时，常能看到它从躲避处钻出来自如活动，在林下草地里走走停停，捕捉蚯蚓等为食。

　　虎斑地鸫飞行时显得有些莽撞，有时人在林下站着不动，它从距

吞食蚯蚓

离人两三米处飞过时并不显慌张。我就曾有几次在观察中被虎斑地鸫几乎擦着头皮掠过，还有一次险些撞到身上，直到跟前它才发觉不妙，然后急速转弯。可能也正因其急匆匆的飞行习惯，在迁飞过程中，遇到有玻璃幕墙的建筑时，不时会有个体撞到上面成为牺牲品。此外，虎斑地鸫也偶尔会出现在林缘路边，边走边觅食，遇人也不远飞，只向前飞出一小段保持安全距离，观察时尽量不要过急地靠近。

乌鸫 *Turdus merula*

别名 百舌

分类类群 鸫科 鸫属

形态特征 中型鸣禽，全长 24 ~ 30 厘米。雄鸟通体黑色，嘴黄色，眼周有金黄色眼圈，很好辨认。雌鸟暗褐色，并缀有深色斑点和纵纹。

实用观察信息 留鸟。原本是我国南方常见的留鸟，二十年前北京并无野生乌鸫，之后零星出现。近些年来数量急速增多，分布遍及北京市区到远郊山区的林地，有些地方已成为常见优势种。有人认为，北京的乌鸫种群是由逃逸鸟繁殖发展起来的。除了北京，附近地区也有分布，并和南方的分布地连成一片，而且北京很少见到有养鸟人饲养乌鸫，由此看来也不排除其自然扩散的可能。

乌鸫常活动于林下、林缘环境，不怎么怕人却也始终和人保持一定距离，一旦发现有人驻足观看便会警觉起来。它们觅食时非常执着，常会忘乎所以。在公园或路边绿地，每当喷淋浇灌时，常会迫使蚯蚓频繁外出透气、挖洞。此时，乌鸫便趁机纷纷赶来，站在地上低头注视地面，一旦有动静，瞅准机会就冲过去把蚯蚓拽出来。

雄鸟

捕捉蚯蚓

▲ 亲鸟育雏中

在育雏期，乌鸫的捕食频率特别高，这时也很方便观察。它们会在草地上的一个地方待一小会儿，如果没有收获便"低头哈腰"地小跑，到另一处停住继续观望。园林绿化中的圆柏、金银木、柿子、君迁子等植物也为乌鸫的越冬提供了大量可靠的食物保障。冬季的公园和绿化带里，常能看到乌鸫和白头鹎、灰椋鸟、八哥、太平鸟等在一起觅食。

　　乌鸫的叫声非常悦耳且多变，因此有"百舌"的美誉。它们通常在大树树干上筑巢，不过也常有一些个体选择在居民楼的阳台窗边、护栏角落、花盆之类的地方筑巢。如果发现，可以做长期观察，记录其孵化、育雏的趣事。

赤颈鸫 *Turdus ruficollis*

别名 串鸡

分类类群 鸫科 鸫属

形态特征 中型鸣禽,全长 21 ~ 26 厘米。成年雄鸟上体灰褐色为主;眉纹、喉、胸部都为栗红色;中央尾羽深褐色,其余尾羽栗红色。雌鸟眉纹、额、喉为灰白色;胸略微有淡橙色,具褐色斑点;腹部较白,两胁有灰色纵纹。

实用观察信息 旅鸟、冬候鸟。适应性很强,北京城郊都有分布,栖息于林地、灌丛、农田、草滩等多种环境,总体来说最喜欢稀疏的林地、果园之类的生境。

迁徙停歇及越冬的赤颈鸫常成群活动,觅食高度从地面一直到树冠,取食昆虫、植物果实。虽然它们有时会在距离人三四米的灌木上取食,不过总体来说很机警,稍有风吹草动便一哄而散。

赤颈鸫还经常会和另外两种常见的鸫——红尾鸫和斑鸫混群活动。很多时候,市区公园的林下草地上一眼望去能看到一二十只。它们每天还会到固定的地方饮水,摸到规律后在这里等待观察也很不错。

（摄影：邴建国）

由于这几种鸫容易招来雀鹰捕食，无论是在它们的觅食场所还是饮水处，长时间观察，就有可能看到雀鹰来捕食它们的壮观场面。它们的毛特别容易脱落，有人认为这样有利于被猛禽抓住时脱身。

此个体很可能为赤颈鸫和黑颈鸫的杂交个体，在越冬的赤颈鸫群体里，偶尔能看到这样的。

红尾鸫 *Turdus naumanni*

别名 串鸡

分类类群 鸫科 鸫属

形态特征 中型鸣禽，全长 21～26 厘米。身形和赤颈鸫几乎一样，不过下体棕红色，与羽缘的白色交织连接在一起，形成近似方块格子的纹路。雄鸟眉、额喉部的棕红色比雌鸟浓重。

实用观察信息 旅鸟、冬候鸟。在果园、林地环境比较常见，北京市区园林中也有一定数量分布。

　　红尾鸫在北京地区的活动规律及习性和赤颈鸫近似，两者经常混群活动，从平原到低山的疏林都有分布。冬季，几乎在市区各大公园的小树林、草地上都能见到红尾鸫。在路边绿化带的圆柏和忍冬灌丛上，也常能看到红尾鸫取食其果实。

斑鸫 *Turdus eunomus*

别名 串鸡

分类类群 鸫科 鸫属

形态特征 中型鸣禽，全长 21 ～ 26 厘米。以前和红尾鸫为同一物种的不同亚种，后来各自独立了。外貌和红尾鸫有些相似，不过斑鸫胸部及两胁羽毛黑色，各羽的白羽边交织组成网格图案。

实用观察信息 旅鸟、冬候鸟。栖息环境与红尾鸫相同。

斑鸫和红尾鸫的习性基本一致，也会混群活动。在北京，秋季时斑鸫通常比红尾鸫出现得早一些；而在春天迁徙季节，斑鸫"离开"得较晚，直到 5 月初仍有较多数量出现。

灰纹鹟 *Muscicapa griseisticta*

别名 灰大眼儿

分类类群 鹟科 鹟属

形态特征 小型鸣禽，全长 12 ～ 14 厘米。雌雄相似。上体灰色；下体白色，具有明显的深色纵纹。

实用观察信息 旅鸟。春秋迁徙季节（5月，8月末至9月），在北京城郊各处林地都很常见。

　　灰纹鹟主要在树的中上层活动，平时喜欢停在枝头，等周围有小虫飞过时，它们瞅准机会便迅速飞出，在空中将小虫捕获，然后飞回之前的地方。有时过一会儿，它们也会换个地方，到周围的枝头上停落，再继续等待猎物经过时飞出捕捉。

　　灰纹鹟并不太怕人，迁徙时在市中心的公园、路边绿化带都能见到。秋季南下时，幼鸟更为胆大，有时会落在人头顶上方的树枝或停在电线上，很好观察。

（摄影：郝建国）

228

乌鹟 *Muscicapa sibirica*

别名 灰大眼儿

分类类群 鹟科 鹟属

形态特征 小型鸣禽，全长 12～14 厘米。雌雄相似。大小、外貌与灰纹鹟相似，不过上体颜色更深；额、喉及颈侧白色，连成半圈颈环；胸及两胁具乌灰色条纹，但界限不清晰，常模糊成一片。

实用观察信息 旅鸟。春秋迁徙季节（5月，8月末至9月），在城郊各处林地都很常见。

乌鹟的活动方式和灰纹鹟很相似，主要生活在林地、林缘生境，喜欢停落在较为突出的枝头，伺机飞出在空中捕捉飞虫，然后返回落脚点或周围其他枝头。它们胆子也比较大，人只要不靠得太近就基本不会惊飞。有时行人无意中距离其过近，它们也只是稍稍飞离，然后很快便又落下。

（摄影：郝建国）

229

白眉姬鹟 *Ficedula zanthopygia*

别名 鸭蛋黄

分类类群 鹟科 姬鹟属

形态特征 小型鸣禽，全长 12 ～ 14 厘米。成年雄鸟上体黑色、翅上有大白斑；下背、腰黄色；眉纹白色；下体黄色，部分个体喉部略显橙色，很好辨认。雌鸟上体灰绿色，下体为很浅的黄绿色，腰黄色。

实用观察信息 夏候鸟、旅鸟，5 月至 9 月可见。夏季主要在山区林地繁殖，在迁徙季节里身影遍布北京各处的树林、果园，在市区的园林、居民区内也很常见。

　　白眉姬鹟多栖居于山区和近山区的林地生境，不过迁徙季节里，在平原地区也比较常见。它们喜欢落于细枝杈上，伺机飞出捕捉空中或地面的小虫。白眉姬鹟的雄鸟色彩极为鲜亮，在林下十分耀眼。它们在北京山区有繁殖，距离市区较近处的植物园、香山都有稳定的繁殖群体，整个夏天都能见到，很受观鸟者、拍摄者喜爱。

雄鸟（摄影：郝建国）

雌鸟（摄影：郝建国）

幼鸟（摄影：郝建国）

　　繁殖期，白眉姬鹟会选择树洞营巢，也会利用人工巢箱，很方便观察。近些年来，随着拍鸟者增加，越来越多的拍摄者加入拍巢的队伍中来，还经常使用人工诱饵，这在一定程度上可能会影响白眉姬鹟的正常生活，应尽量避免。

红喉姬鹟 *Ficedula albicilla*

别名 粉脖儿

分类类群 鹟科 姬鹟属

形态特征 小型鸣禽，全长 12 ～ 14 厘米。上体灰褐色；下体浅灰色近白；尾羽黑褐色，外侧尾羽基部白色，站立时尾羽常一下一下地向上翘。雄鸟繁殖期喉部为橙红色，非繁殖期喉部近白色。雌鸟整体特征和雄鸟的非繁殖期相似。

实用观察信息 旅鸟，4 月末至 5 月下旬、8 月末至 10 月中旬可见，尤以 5 月中上旬、9 月中上旬为多，主要分布于北京城郊各种类型的林地生境。

迁徙季节里，红喉姬鹟非常常见，它们常单独活动，所以基本不会见到一大群群飞的场面。红喉姬鹟喜欢在林缘、林下灌丛活动，捕捉各种昆虫。觅食过程中，它们会站在枝头等待、搜寻，如果空中有小虫飞过便迅速飞出捕捉，有时也会飞落地面捕捉地上的虫子。出击后无论得手与否，它们都常飞回到之前停歇站脚的地方。

▲ 站在枝头鸣啭

◀ 雌鸟

　　红喉姬鹟平时的叫声比较单调，为粗哑的"哒——哒——"声，同时尾羽使劲向上翘。春季，雄鸟也会站在枝头鸣啭，只不过声音较小。有时，几只红喉姬鹟同在一小块地方时，彼此会互相驱赶。

　　红喉姬鹟并不太怕人，静止观察，它们常能在距离人三五米处自由活动。

寿带 *Terpsiphone incei*

别名 长尾巴练儿

分类类群 王鹟科 寿带属

形态特征 小型鸣禽。雄鸟头颈部蓝黑色，具金属光泽，略带凤头，上体棕褐色（也有少量白色型个体），腹部近白色。繁殖期里全长可达 40 厘米，不过一大半是超长的中央尾羽，非繁殖期无超长尾羽，全长 19 厘米。雌鸟和雄鸟相似，但没有超长中央尾羽。

实用观察信息 旅鸟和夏候鸟，5 月至 9 月可见。北京山区林地有繁殖，迁徙季节几乎城郊各处林地环境都能见到，但数量不多。

寿带在北京俗称为"长尾巴练儿"，其实明清的文官补服上就出现了这种图案，当时称为"练雀"。寿带个体较小，数量不多，不容易被观察到，以至于连名字后来都被同样有长长尾羽的红嘴蓝鹊"侵权"了。实际上寿带还是很为人所喜爱的，大量的花鸟画作品中都有这种小鸟的形象，以象征福寿绵长。寿带习惯捕食飞行昆虫的习性注定它很难人工饲养成功，这也使它们摆脱了"困在笼中"的悲剧。

（摄影：郝建国）

　　虽然寿带是传统国画中的常客，不过见过活体的人并不多。其实，寿带在北京很多地方都有分布，只是数量不多，而且多在林地活动，不太容易碰到。如果没有机会在夏季去山里寻找繁殖的寿带，也可以在 5 月和 8 月下旬的鸟类迁徙高峰时段，选择清晨或傍晚市区公园里人较少的时候，多在林地和灌丛生境中耐心等待、寻找，还是有机会一睹其真容的。

　　寿带在空中捕捉飞虫时的姿态特别优美，很具观赏性。它们常会和其他山雀、柳莺之类的小鸟混群活动，如果遇到一群小鸟飞来，要仔细甄别，没准其中就有寿带。

235

山噪鹛 *Garrulax davidi*

别名 黑老婆

分类类群 噪鹛科 噪鹛属

形态特征 中型鸣禽，全长 22～26 厘米。雌雄相似。外形轮廓和大众比较熟悉的画眉近似。周身灰褐色，灰扑扑很不起眼；嘴浅黄色，略向下弯。

实用观察信息 留鸟。多分布于山区，喜欢栖息于林缘、灌丛生境。冬季也会下到较低海拔区域，有些个体甚至会到北京市区园林中活动。

　　山噪鹛在北京山区比较常见，走在山路上，经常能听到它们在路边灌丛或树林里发出比较嘈杂的类似"嘟噜噜"的颤音叫声。它们觅食时会用嘴在落叶堆里翻找，搞得"稀里哗啦"的，很闹腾。不过，人们经常只闻其声，却无法发现它们的身影。其实，山噪鹛并不太怕人，只是它们活动区域的植被茂密，不容易被发现。有时，山噪鹛甚至可以说有点"追人"，它们很喜欢到游人休息、吃饭的地方活动，寻找人们丢弃的食物。观察过程中如果发现有类似的动静，

一定要耐心等待，过不了一会儿，它们就会主动闯入视野中来。

　　山噪鹛还有一个比较形象的名称，叫"黑老婆"，这可能和它们浑身上下深褐色的羽毛、灰头土脸的样子有一定关系。只要没遇到危险，山噪鹛一般情况下不会高飞，经常只是在灌丛中窜来窜去，躲避人的目光，很多人看到它们的第一感觉还以为是看到了老鼠。虽然有着明亮悦耳的歌喉，山噪鹛却不是北京地区主要的笼鸟，可能其较大的体形和灰暗的羽色并不受人喜爱，这在一定程度上也保护了它们的种群。

棕头鸦雀 *Sinosuthora webbiana*

别名 驴粪球儿

分类类群 莺鹛科 棕头鸦雀属

形态特征 小型鸣禽，全长 12 ～ 14 厘米。雌雄相似。身体近球形，尾细长，周身褐色，嘴短而厚，有些像鹦鹉嘴，很好辨认。

实用观察信息 留鸟。栖息环境非常多样，湿地、灌丛、林地都有它们的身影。

　　除孵化育雏期在灌丛做窝、成对活动比较多外，其他时候棕头鸦雀很喜欢集群活动，有时白天游荡觅食时能集成近百只的大群，浩浩荡荡地穿行。到了傍晚，大群分散成小群，各自在灌丛中或柏树上枝叶茂密、隐蔽性强的地方过夜，第二天清晨外出活动时，会再次和周围的群体逐步组合扩大规模。

　　棕头鸦雀主要以各种昆虫、虫卵，以及蜘蛛等无脊椎动物为食，也喜欢取食植物种子。它们常在枝杈或树干基部寻找食物，也会撕扯树皮寻找藏在下面的虫子。不过，它们最为拿手的还是剥芦苇。

取食植物种子

238

撕扯芦苇叶鞘，取食在下面越冬的芦苇日仁蚧。

芦苇日仁蚧

冬季，大群棕头鸦雀白天常栖息于芦苇丛中，寻找藏在芦苇秆叶鞘里的芦苇日仁蚧。它们会有目的地在发黑的芦苇秆上（芦苇日仁蚧多的芦苇秆常变黑）多做停留，用嘴撕扯下叶鞘，取食在里面藏身越冬的芦苇日仁蚧。它们在枝头觅食的行为也非常有意思：仅用两脚抓住枝干，身体正蹲、斜跨、倒挂等都可以，然后低头用嘴剥皮，如演杂技一般。棕头鸦雀不怎么怕人，只要观察时不追赶、不动作过大，站在原地不动，就有机会体验被它们团团包围的感觉。

239

山鹛 *Rhopophilus pekinensis*

别名 长尾巴狼

分类类群 莺鹛科 山鹛属

形态特征 小型鸣禽，全长 16 ~ 19 厘米。雌雄相似。身体大小和麻雀相似，不过尾羽很长，周身羽色偏棕，下体色较浅，头顶、背部有深色纵纹，胁部纵纹棕红色。

实用观察信息 留鸟。主要见于山区，冬季有些个体会到低山区及附近平原活动，市区偶尔也能见到。

山鹛个体较小，常在茂密灌丛中活动，不过它们非常活泼，也很爱叫，并不是太难发现。有时，山鹛会集成四五只的小群活动，在枝叶茂密的灌丛下觅食，用嘴翻找落叶中的昆虫、蜘蛛等无脊椎动物。它们时不时就会跳上比较突出的枝头，也会在乔木的中下层穿梭活动。

山鹛虽然主要分布在山区，不过有时也会到低地山区附近的平原活动，甚至冬季在北京市区园林的灌丛、绿篱中也能见到它们的身影。山鹛在活动时，大尾巴常不断翘起、展开，很有特色。

在落叶中翻找食物

　　山鹛在北京俗称为"长尾（口语中读作 yǐ）巴狼"，这种看上去和麻雀大小相似、羽色相仿的鸟怎么会得了这样的"绰号"？那就需要好好看看它的模样了。浅色的虹膜，深色的小瞳孔，加上两道又黑又长的颧纹，的确给人一种凶相毕露的感觉。与外表不同的是，山鹛在繁殖季节会用婉转的歌喉表达爱意，也曾有过山鹛雏鸟效仿歌曲旋律鸣叫的记录。

东方大苇莺 *Acrocephalus orientalis*

别名　苇扎（zhà）子

分类类群　苇莺科 苇莺属

形态特征　小型鸣禽，全长 17 ～ 19 厘米。雌雄相似。上体棕褐色，下体近白色，头部具明显的白眉纹及褐色的贯眼纹，头顶羽毛在鸣叫时常常会竖起一些。结合叫声很好辨认。

实用观察信息　夏候鸟、旅鸟。5 月至 9 月末可见，其中 5 月中旬至 8 月中旬最为多见。主要活动于挺水植物丰富的湿地生境，北京市区公园的荷塘、河边芦苇丛也能见到少量繁殖。

　　夏季，东方大苇莺是北京各处湿地最为普遍的鸣禽，它们整日叫个不停，"呱呱唧——呱呱唧"的叫声很具特色，声调洪亮，常常距离湿地三五十米就能听到它们嚷嚷。虽然东方大苇莺极其常见、

外表并不艳丽、叫声也不悦耳甚至有些嘈杂，但因数量多且不太畏人，使其也成为很好的观察对象。

繁殖期，东方大苇莺为了争地盘，不同家庭的个体间常爆发激烈的战斗。

捕食蜻蜓

　　站在池塘边，观察东方大苇莺在芦苇上舔舐蚜虫、捕捉蝴蝶和蜻蜓，看它们为占领地大打出手，观看它们夫妻间合力叼草筑巢、驱赶大杜鹃等都是很有意思的事儿。除了觅食昆虫，东方大苇莺有时也会抓着荷花叶柄、芦苇秆等，逼临水面附近伺机捕捉小鱼虾，这样的行为非常有意思。有时它们捕捉大型蛾类，无法一次成功，便在芦苇丛里转着圈圈，不停地将蛾子往水里按，很机智。盛夏，还能见到被巢寄生的东方大苇莺夫妇忙碌地一次次叼着食物回来，喂养比它们大得多的大杜鹃雏鸟。

喂养大杜鹃雏鸟

黄眉柳莺 *Phylloscopus inornatus*

别名 柳叶儿

分类类群 柳莺科 柳莺属

形态特征 小型鸣禽，全长9～11厘米。雌雄相似。上体灰绿色，下体偏白，翅上具两条明显的浅色翅斑，三级飞羽有明显的浅色边缘，眉纹浅黄色，头顶的浅色顶冠纹很不明显（这点与黄腰柳莺容易区分）。

实用观察信息 旅鸟，春秋两季（3月末至5月、9月至10月末），北京城郊各处有树的环境都可见到。

  黄眉柳莺数量大，在树冠层觅食昆虫等无脊椎动物，它们非常活跃，有时在枝叶间飞行转移时就像一片树叶飘落。春季，它们还常会站在枝头长时间歌唱，叫声婉转，十分悦耳。有时站在林下，因枝叶遮挡未必能看清黄眉柳莺的真容，但聆听它们的歌声也十分惬意享受。平时它们更多的是发出声调上扬、类似"呼唯"的叫声，也很容易被听到。想看清楚黄眉柳莺，最好站在一处耐心等待，它们觅食一阵后，就会停下来整理羽毛或是歌唱。

（摄影：关翔宇）

黄腰柳莺 *Phylloscopus proregulus*

别名 柳叶儿

分类类群 柳莺科 柳莺属

形态特征 小型鸣禽，全长 8～10 厘米。整体偏短圆，翅上 2 道翅斑；头顶有条很明显的浅色冠纹；眉纹黄色，且前端色调偏暖；腰部有一大块黄色区域，不过平时不容易看到，在枝叶间悬飞觅食时，这块黄色区域会很显眼。

实用观察信息 主要为旅鸟，有少量个体在此越冬。每年除夏季外，其他时段都能见到。生活环境很多样，平原、山区的林地都有分布，在北京市区公园中也很常见。

黄腰柳莺喜欢跟其他小鸟混群活动，除活跃于树冠层，它们还会到灌丛甚至地面附近觅食。它们很喜欢快速地在枝叶间穿梭，时常会悬停着寻找树叶上的小虫，也会驻足在树干上，寻找树皮缝隙间的食物。它们很不怕人，只要没有大动作，站住了观察，甚至都能跑到人身边来。

在枝杈基部寻找越冬的虫子、虫卵

　　柳莺的观察和辨识是鸟类观察当中公认的难题，如果我们只看黄腰柳莺和黄眉柳莺这两种小鸟，会被它们的中文名搞得一头雾水，因为黄腰柳莺实际上具有更明显的带柠檬黄色的眉纹。这两种小鸟个体都非常小，北京话里经常把它们形容为"柳叶儿""柳串儿"，这样的昵称也说明了它们的习性——喜欢在槐树、柳树枝头活动，也突出了它们体形和羽色特征。虽然个体很小，它们却具有嘹亮的歌喉，特别是黄腰柳莺，在迁徙季节，它们的鸣唱会给人带来一种误导，让人误以为是某种体形非常大的鸟类，但是抬头望去，你在高大的树之间根本找不到它们小巧的身影。在人们利用高残留的农药进行园林除虫的年代，曾伤害到这些小型的食虫鸟。现在，随着城市绿化的开展以及农药使用的减少，相信我们会越来越多地听到它们嘹亮的歌喉响彻北京春秋两季碧蓝的天空。

戴菊 *Regulus regulus*

别名　呼呼花儿、黄金叶

分类类群　戴菊科 戴菊属

形态特征　小型鸣禽，全长 9 ～ 10 厘米。雌雄相似。上体灰绿色，头部纹路很具特色，眼周一圈灰白色，头顶"黑底黄芯"，凭此特征不易认错。雄鸟在繁殖期里，头顶的黄芯还会带有橘红色。

实用观察信息　主要为旅鸟和冬候鸟，每年 10 月至次年 4 月初于城郊、山区都可见，常活动于有针叶林的环境中。在市区公园观察时，可多留意松、柏树区域，幸运的话能见到数十只的群体，它们活动时喜欢发出"吱吱吱"银铃般的叫声，非常悦耳。

戴菊个体非常小，在树上活动时，远远看去就像是一个小点在蹦跶。它们喜欢在针叶树上跳来跳去，逐个枝头搜索觅食，寻找藏身其间的昆虫、蜘蛛。戴菊不怎么怕人，如果事先发现它们活动，可以在树下等候片刻，常会有近距离邂逅的机会，有时甚至近在咫尺。此时人不能动，更不要贸然接近，静止观察就好，否则很容易使其受惊逃离。

捕捉在松针基部越冬的蜘蛛

在北京，戴菊被俗称为"呀呀花儿"。北京鸟类的俗称中，凡是俗称被冠以"呀呀"的基本都是山雀类，或者传统上属于山雀类，比如沼泽山雀俗称为"呀呀红"，煤山雀俗称为"呀呀背儿"，大山雀俗称为"呀呀黑"，黄腹山雀俗称为"呀呀点儿"，银喉长尾山雀俗称为"呀呀猫儿"。人们把戴菊称作"呀呀花儿"，这可能和它在某些习性特征上和山雀类比较类似有关，例如经常能看到它们小巧的身形在冬季的针叶树林中不畏严寒、欢快地跳动飞跃，寻找树皮下和枝丫间的虫卵。至于"花儿"的得名，就是形容戴菊雄鸟头顶可以展开的那一簇鲜亮的羽毛了。看来，过去的北京人观察鸟类还真是细致入微。

戴菊喜欢跟山雀等小鸟混群活动，有时一群黄腹山雀飞来，仔细察看便发现里面还有一两只戴菊。当大部队转移时，它们也会跟随。所以在观察过程中，若发现鸟群有逐步远离的趋势，可以先判断好它们的去向，然后提前赶至等待。当然，原地不动也是一个不错的选择，因为它们经常会"走回头路"，过不了一会儿可能就飞回来了。

红胁绣眼鸟 *Zosterops erythropleurus*

别名　粉眼儿

分类类群　绣眼鸟科 绣眼鸟属

形态特征　小型鸣禽，全长 11 厘米左右。雌雄相似。上体黄绿色；下体近白色，两胁红棕色；眼周有明显的白眼圈，很容易识别。

实用观察信息　旅鸟，可能有少量夏候鸟繁殖。每年 5 月至 10 月中旬可见，以 5 月中上旬、9 月下旬最为多见。平原、山区的林地都有分布，北京市区公园的树林中也常见到迁徙群体停歇活动。

　　红胁绣眼鸟非常小巧，很喜欢集大群活动。迁徙季节在北京市区上空能见到几十甚至上百只的大群飞行，还不时发出清脆的"吱呦——吱呦"的叫声。虽然被称为"粉眼儿"，但它的眼圈并不是粉色，这里的"粉"与"粉墨登场"中的"粉"是一个意思，借以形容它白色的眼圈。它们有时一大群飞来，落到人眼前不远处的树上，活跃地觅食昆虫、浆果。有时也会比较"神经质"，忽然有几只飞走，紧跟着一大群跟随而去，这可能就是小鸟机警且恋群的本性吧。

（摄影：徐永春）

银喉长尾山雀 *Aegithalos caudatus*

别名 洋红儿、呼呼猫儿

分类类群 长尾山雀科 长尾山雀属

形态特征 小型鸣禽，全长 13 ～ 17 厘米。雌雄相似。嘴小，身体较圆，尾细长，黑眉纹宽而长，很好辨认。

实用观察信息 留鸟。夏季主要在山区繁殖，秋冬季节会到较低海拔及平原地区活动，在北京市区的一些公园里亦可见到。

银喉长尾山雀小巧活泼，常集成十几只的小群在林间穿行，并不停发出比较纤细的"吱——吱——"的叫声。它们主要取食各种昆虫、蜘蛛等小型无脊椎动物，会在枝叶间不停地搜寻。冬季，银喉长尾山雀若发现一些昆虫集体越冬的场所，便会反复前来取食，每次停留时间也比较长，较好观察。例如，它们会频繁光顾一些灌木枝头，在那里有"抱团"越冬的蚜虫；在一些乔木树皮缝隙间，常会有大群介壳虫躲藏，它们会长时间攀于树干上啄食；有时，它们也会到芦苇丛里去搜索藏在叶鞘里的芦苇日仁蚧。

集体在小溪中洗浴

　　银喉长尾山雀不怎么怕人，十分便于观察。有时只要不动，它们甚至能靠近到距离人一两米的地方。而且它们取食的时候格外认真，这时站在边上会看得非常过瘾。

幼鸟

取食在树皮缝隙里藏身越冬的介壳虫　　255

沼泽山雀 *Poecile palustris*

别名　红子、呼呼红

分类类群　山雀科 高山山雀属

形态特征　小型鸣禽，全长 10 ~ 12 厘米。雌雄相似。头顶和额部黑色、略带蓝色光泽，上体偏褐色，下体偏白，两胁略带棕黄色。

实用观察信息　留鸟，全年可见。非常活泼，喜欢集小群活动，在北京各处都能见到。

　　沼泽山雀夏季主要在山区及附近的林地繁殖，其他季节里也常到平原地区有树的环境中活动觅食。在北京市区的园林中，沼泽山雀也是常客。除了在枝头、树干上寻找昆虫，它们也会吃许多植物的种子，如松、柏、元宝槭等乔木的种子。取食较大或有坚硬外壳的种子时，它们会用脚将其踩住，然后用嘴一下下猛啄，动作非常有趣。

　　在北京的传统笼鸟中，沼泽山雀的饲养可谓独树一帜。这种源于清代的饲养训练方法被称为"排红子"，即从未离巢的雏鸟开始饲养，并用成鸟作为"教师鸟"诱导雏鸟效鸣。在常人听来几乎千

取食元宝槭种子

篇一律的"吁——吁——唯"声中，被养鸟人细分为"吁吁红、吁吁棍、一滴红、一滴棍"等多种具有细微差别的叫音，并称高水平的叫声为"高音儿"，普通水平的叫声为"平词儿"，以分优劣。如今，沼泽山雀为北京市二级保护动物，严禁捕捉。

黄腹山雀 *Pardaliparus venustulus*

别名 呀呀点儿

分类类群 山雀科 黄腹山雀属

形态特征 小型鸣禽，全长 10 ~ 11 厘米。体形很短小的山雀，腹部黄色使其比较容易与本地区的其他山雀相区分。

实用观察信息 全年可见，春秋季节有大量迁徙旅经，夏季在山区繁殖，冬季在低山区及平原地区有部分越冬。可能有些个体属于留鸟类型。非常常见，即便是在北京市区的公园、小区甚至街道绿化带，也时常能见到它们的身影。

黄腹山雀喜欢集群活动，胆子很大，不怕人，叫声为快速的"吱吱吱"声，活动起来叫个不停，不过音量不大，还蛮悦耳的。黄腹山雀主要取食昆虫、蜘蛛等无脊椎动物，也喜欢取食植物种子。它们觅食时会在一个地方待挺长时间，特别是秋季，它们会储存大量的松子。黄腹山雀不断在松树和储存点之间往返，每次从松塔里摘得松子就叼着飞到附近，将其藏于石缝、树皮缝隙等地方，有时也

雌鸟

会藏在落叶下，然后再重复这个过程。此时，人只要待在周围不大动，它们根本不在意，有时甚至就在人头顶上方的松枝上忙活。冬季，黄腹山雀也会在树干上、石缝间寻找在此越冬的虫子或蛹食用。

北京人把黄腹山雀称为"点儿"或者"呼呼点儿"，其并不属于传统笼鸟，但是由于它们经常集群活动，羽色艳丽，行动活泼，因此经常出现在非法的鸟类交易当中，成为受害者。

雄鸟（准备储存油松松子）

大山雀 *Parus major*

别名 呀呀黑

分类类群 山雀科 山雀属

形态特征 小型鸣禽，全长 12 ~ 15 厘米。雌雄相似。头部黑白两色，白脸颊特别明显；下体偏灰色，中央有一条黑带。

实用观察信息 留鸟，于山区更常见，秋冬季节会到较低海拔的林地、灌丛生境活动，在市区绿化较好的公园、小区亦能见到。

    大山雀虽然常见，但与黄腹山雀和沼泽山雀比起来，胆子相对较小，不喜欢靠人太近活动，始终保持比较警觉的态势。因此观察大山雀时，通常需距离其 5 米以上，尽量不要盲目靠近，它们不像其他山雀那样容易与人混熟。

    此外，大山雀很少动辄集结成十几只甚至几十只的群体，通常也就是三三两两比较分散地活动，有时会混在其他小鸟群里，跟在后面游荡。和其他山雀一样，大山雀吃各种昆虫、蜘蛛等无脊椎动物，也取食松子、瓜子等植物种子，有时遇到游人撒落的面包等食物也

会品尝。它们还喜欢跟在松鼠后面，伺机偷走松鼠储存的食物。

北京过去有句俗语，叫作"猴子山羊，呼呼黑学生"，用来形容爱动爱跳的小淘气，这里面的呼呼黑，指的就是大山雀，有人会教大山雀的雏鸟用沼泽山雀的鸣声鸣叫，它们倒是也能学得惟妙惟肖。这也使它们成为了"笼鸟文化"的受害者，希望法制的完善和社会文明水平的提高，能解救这些"小淘气儿"永离樊笼之困。

261

黑头鸸 *Sitta villosa*

别名 贴树皮

分类类群 鸸科 鸸属

形态特征 小型鸣禽，全长约11厘米。身形短圆，雌雄相似。成年雄鸟上体蓝灰色，下体土黄色，头顶及贯眼纹黑色，眉纹白色。雌鸟头顶灰褐色。

实用观察信息 留鸟，通常生活于山区及近山区林地，不过在北京市区一些有较多针叶树的大型园林内也有分布。

　　黑头鸸经常单独或成对活动，它们的孩子还没完全独立时也会举家出行，有时还会和其他小鸟混群。不过，黑头鸸的活动方式和其他小鸟很不一样，它们除了在枝杈间蹦跳，更多时候是在树干上攀爬，有点像啄木鸟，但是它们比啄木鸟更为灵活自如，能头朝下向下移动。它们很喜欢在针阔混生的林地活动，尤其是秋冬季节，黑头鸸会在树皮的缝隙间储存大量的松子。取食时，它们会将松子塞到树缝里卡住，然后用嘴猛啄松子壳，啄开后取食里面的松子仁。

叼着松子准备储存

觅食归来,进树洞巢内喂雏鸟。

此外,它们在繁殖期里也会觅食树上的各种昆虫。

　　黑头鸦胆子很大,并不太怕人,只要人没有大的动作,它们甚至能靠近到距离人两三米的地方。在它们忙着储存松子的时候,我们可以在它们的粮库附近守候,隔一小会儿,它们就会叼着松子回来,在树上仔细寻找储存的地方。

欧亚旋木雀 *Certhia familiaris*

别名 爬树鸟

分类类群 旋木雀科 旋木雀属

形态特征 小型鸣禽，全长 12 ~ 14 厘米。雌雄相似。上体棕、黄、褐相间，非常斑驳；下体近白色；嘴长而略下弯。外貌和行为都很有特色，容易辨认。

实用观察信息 留鸟、冬候鸟，10 月至次年 4 月可见。夏季生活在山区林地，秋冬季节扩散到平原地区活动，常见于针阔混交林，在北京市区的一些公园中也可见到。

欧亚旋木雀是一种行为很有特色的小鸟，数量不多，单独或成对活动，偶尔能见到 3 只同时出现在一小块林地内。它们主要觅食藏在树皮缝隙间的昆虫、蜘蛛等无脊椎动物，以及虫卵和蛹。每次觅食时，欧亚旋木雀会从树干基部向上绕着树干攀爬，姿态有点像啄木鸟，它们边爬边用长弯嘴在树皮缝隙里搜寻食物。爬到一定高度后，它们会飞到隔壁树干的基部，然后重复之前的过程，有时也会绕着原来的树飞旋而下，重新回到树干基部，然后再次上爬搜寻。

冬季，在市区公园里柏树较多的地方也能见到欧亚旋木雀。有时，它们也会和其他小鸟混群活动，不过当其他小鸟组团飞远时，它们并不随之而去，而是比较固定地在针叶林较多的区域转悠。

麻雀 *Passer montanus*

别名 家雀、老家贼

分类类群 雀科 麻雀属

形态特征 小型鸣禽，全长 12 ~ 15 厘米。雌雄相似。头顶棕褐色，上体褐色且具深色纵纹，下体浅灰色略带黄色，脸侧有一个大黑斑，很好辨认。

实用观察信息 留鸟，全年可见。在北京各处都很常见，特别是有人工建筑的地方，麻雀是最容易见到的鸟。

麻雀很喜欢伴人而居，通常在人工建筑物上寻找做巢的地方。过去平房多的时候，麻雀多在瓦檐下的空隙里做窝。后来平房陆续改建成楼房，曾有一度，它们因为没有合适的营巢环境而减少，不过很快就适应了新的城市生活。它们逐渐学会在空调的外挂机箱里、空调孔、烟机孔之类的地方做窝，还会利用大斑啄木鸟在楼体保温层上啄出的洞。近些年来，越来越多的麻雀学会在空调孔洞营巢，这也给观察它们孵卵育雏提供了方便。但是它们的叫声比较嘈杂，

相互示威，准备开战。

与这样的小鸟做邻居需要耐心和宽容。好在繁殖季一过，它们就四散而去。偶尔，冬季会有一些个体在这些孔洞中过夜。另外，在自然环境中，麻雀也会利用啄木鸟的旧洞和天然树洞营巢。

麻雀不挑食，荤素都能接受，常到垃圾桶之类的地方翻找食物，在公园、街区捡取人们掉落的食物残渣。这种行为习惯使得麻雀家族中的某些成员，常常把自己搞得"灰头土脸"，尤其在冬季。很多初观鸟的朋友还以为发现了什么麻雀中的黑色羽毛新种。麻雀在北京有很多俗称，生活在市区的人们一般把它叫作"家雀儿"（口语中读作 jiā qiǎor）或者家贼，生活在郊区乡间的人们往往把它称为家仓。从这里我们也可以看出，人类对这种伴随在我们身边生存的小鸟有多么熟悉，当然在麻雀大量集群的时候，它们会在农田当中啄食谷物，损害蔬菜苗，也确实令农民头疼。前几年，北京西城区的高三地理试题中还曾经请学生讨论过"如何应付鸟类对农业的损害才符合可持续发展理念"，可见人们对它们是又恨又爱。北京人在称呼麻雀的时候，还会用不同的叫法来表示不同的情绪，比如当有爱怜的心态时，往往昵称为"小家雀儿"；带有一定不满时则斥为"老家贼"，也算是妙趣横生了。

取食杂草种子　267

燕雀 *Fringilla montifringilla*

别名 虎皮

分类类群 燕雀科 燕雀属

形态特征 小型鸣禽，全长 14 ~ 17 厘米，看起来比麻雀稍长，但更瘦一些。雄性成鸟繁殖期头颈、背黑色；肩羽棕黄色；飞羽、大覆羽黑色，有一条浅棕色翅斑；下体浅棕色偏白，两胁有深色斑点；腰、尾上覆羽白色，飞行时特别显眼。雄鸟非繁殖期头部、背部黑色减弱，羽缘棕色，显得斑驳。雌鸟和雄鸟非繁殖期相似，不过头部更灰。

实用观察信息 旅鸟、冬候鸟，9 月末至 5 月初可见。不怎么怕人，在平原、山区的林地都有分布。

燕雀喜欢集大群活动，动辄数百只，在天空飞过时浩浩荡荡一片。尤其是冬季，在北京越冬的群体白天分散在各处林地觅食，夜晚会到市区的一些公园（紫竹院、动物园等都有大规模燕雀群夜宿）的柏树林、竹林等环境过夜，有时甚至多达几万只。清晨，它们陆续飞出，在附近的大树上集合，远远看去，掉光叶子的大树上像是

雄鸟

大群越冬个体在夜宿地的树上集结

269

从夜宿地飞出觅食

又长满了树叶，实际是密密麻麻的燕雀。接着它们陆续起飞，在天空环绕几圈后纷纷散开，组成小群飞往觅食地。

燕雀在北京各处都有分布，植被丰富的公园是观赏燕雀很理想的地方，它们喜欢取食元宝槭、白蜡、松、柏等树的种子。观察觅食的燕雀时，只要耐心一点，原地不动，它们很快就能适应，并且恢复正常的活动，甚至在人头顶上方一两米处也不慌张。它们也会在地面捡食种子，有时游人坐在林间的长椅上休息，大群燕雀纷纷落下环绕周围，场面非常和谐。

过去的养鸟人也有驯养燕雀用来展示"衔旗""打弹"等各种技艺的。不过据称，燕雀在驯养的各种鸟类里最聪明、灵活，训练难度大，让很多人望而却步，使得它们未遭过量捕杀。

取食侧柏种子。 271

金翅雀 *Chloris sinica*

别名　金翅儿

分类类群　燕雀科 金翅雀属

形态特征　小型鸣禽，全长 12 ～ 14 厘米，比麻雀稍小。雄性成鸟头灰色；上体黄褐色；翅飞羽大部分黑色，各羽基部黄色，飞行时翅膀打开，黄斑连成一大块，特别显眼，也因此特征而得名。雌鸟羽色比雄鸟灰暗，颈、背有模糊纵纹。

实用观察信息　留鸟，全年可见。夏天，在山区林地繁殖及城郊植被丰富的各大公园繁殖，秋冬季节常结群在平原地区活动。

　　金翅雀在北京城区是比较常见的小型鸟类，在地面觅食时，常会被人当作麻雀而忽略掉。一旦起飞，黄色的翅斑十分醒目，一眼便能认出。常发出一长串银铃般的叫声，很好听。不仅是在公园，绿化好一些的社区，就是种植了一些针叶树种的小区，也会成为它们选择的定居地。天坛公园是观察金翅雀的好去处，东门里那一片高大的杨树，到了冬季傍晚会有成群的金翅雀聚集。斜阳的余晖里，

取食黄栌种子

鸟儿们偶尔扑动翅膀，飞羽上金黄色的斑块更加夺目。我曾在天坛公园的侧柏上发现过金翅雀的巢，筑巢的柏树就在一片欢腾喧闹的运动广场边上，精致的小巢藏在柏树侧枝的基部，离地面不到两米，几乎触手可及。可能在这嘈杂的地方，喜鹊、灰喜鹊很少光顾，它们的卵和雏鸟会更加安全吧。看来常年和人们共享一座城市，金翅雀也学会了如何利用人类为自己"遮蔽风雨"了。

273

黄雀 *Spinus spinus*

别名 黄雀儿、黄鸟儿

分类类群 燕雀科 黄雀属

形态特征 小型鸣禽，全长 11 ～ 12 厘米，整体看起来偏黄色。成年雄鸟头顶及额黑色；上体黄色为主；翅黑、黄相间；下体黄色较淡，两胁具黑色纵纹。雌鸟羽色没雄鸟鲜亮，头顶、脸侧略带棕色，颈背、腹部纵纹较多。

实用观察信息 主要为旅鸟，少量个体为冬候鸟，每年 9 月底至次年 5 月初可见。常集群活动，爱吃植物种子，在北京各处都有分布。

黄雀不太怕人，在公园里，路边种的紫薇、连翘、油松等植物种子成熟时常吸引其前来取食，行人在路上经过时，它们也并不太介意。

北京人把黄雀的雄鸟俗称为"黄雀儿"（口语中读作 huáng qiǎor）或者"黄鸟儿"，雌鸟俗称为"麻儿"，用来笼养听鸣或者架养训练技艺。黄雀亮丽的羽色、优美的鸣唱、相对丰富的种群数

（摄影：娄方洲）

量和简单的饲养方式，使得这个物种饱受摧残，话剧《茶馆》中松二爷自己饿着也不能让它饿着的"宝贝儿"就是黄雀，不过成语"螳螂捕蝉，黄雀在后"中的黄雀可是另有其鸟。大家在野外观察过就会发现，个体比一只蝉大不了多少的黄雀，不会是这个故事的主角的，这个故事的主角可能是黑枕黄鹂。

黑尾蜡嘴雀 *Eophona migratoria*

别名　皂儿（雄鸟）、灰儿（雌鸟）

分类类群　燕雀科 蜡嘴雀属

形态特征　小型鸣禽，全长 18 ~ 20 厘米，身体粗壮，黄嘴粗大且很厚。雄鸟头黑色；上体灰褐色；翅飞羽黑色，羽端具宽阔白边；尾羽黑色；下体灰色，两胁带棕黄色。雌鸟头部灰褐色，其余部位似雄鸟，飞羽白斑较小。

实用观察信息　全年可见，可能有小部分是留鸟。夏季在城郊林地有繁殖，春秋迁徙季节旅经群体数量较大，冬季会有少量个体在此越冬。

　　黑尾蜡嘴雀喜欢集群栖息于有树的环境，也会在林缘的草地上觅食。它们不怎么怕人，只要不受惊扰，就会自顾自地活动。黑尾蜡嘴雀喜欢用强壮的喙嗑植物种子吃，松、柏、元宝槭等树的种子成熟时，常会吸引它们来取食。在市区行道树上也常能见到它们

276

雄鸟（摄影：郝建国）

雌鸟

三五成群取食白蜡树的种子。此外，忍冬等植物结的浆果对它们也很有吸引力，观察时可以留意有这样植被的区域。

在北京传统的养鸟习俗中，会于秋冬季捕捉黑尾蜡嘴雀，用于训练"衔旗""打弹"等技艺，春季放飞。虽然黑尾蜡嘴雀种群数量相对丰富，但其上市量大且逐年攀升。那些春季放飞的个体，因之前长时间在人工条件下饲养，其自然行为会受影响，有多少能真正重回自然生活都是未知。此外，近些年来饲养雄性黑尾蜡嘴雀听鸣唱的人越来越多，这些都会给其种群带来不小危害。如果不加以管制，不难想象，用不了多久，黑尾蜡嘴雀就很可能会变得稀少起来。

小鹀 *Emberiza pusilla*

别名 老虎头儿、花椒籽儿

分类类群 鹀科 鹀属

形态特征 小型鸣禽，全长 12～15 厘米。头顶中央棕红色，两边的侧冠纹深褐色；眉纹后半部淡棕色；脸部棕红色；眼后纹连同耳羽外缘深褐色，接近耳羽后缘处有一块浅棕色斑点，凭这些特征较好判断。

实用观察信息 旅鸟、冬候鸟，9 月至次年 5 月可见。栖息环境比较多样，草地、农田、湿地、灌丛、林地等都有分布。不过总体来说，更喜欢开阔一些的生境，在林地内数量相对较少。

　　小鹀在迁徙及越冬时，多集群活动。它们以前数量较多，有时能看到几十只甚至上百只的大群，不过近些年来数量有所减少。它们不怎么怕人，有时就在公路边的绿篱、草地里觅食植物种子，不仔细看可能会将其误当作麻雀，但它们的体形比麻雀更瘦削，显得苗条一些。如果仔细观察会发现，小鹀雄鸟面颊的棕红色相对浓重，北京人把小鹀叫作"老虎头儿"或者"花椒籽儿"，真是非常贴切。

黄喉鹀 *Emberiza elegans*

别名 黄眉子、豆瓣

分类类群 鹀科 鹀属

形态特征 小型鸣禽，全长 14～16 厘米。成年雄鸟头顶有较明显的黑色凤头，具很宽的黑色贯眼纹，眉纹、颏喉黄色很显眼，凭这几点足以判断。雌鸟整体颜色对比没有雄鸟强烈，头顶及贯眼纹为褐色。

实用观察信息 全年可见，但不好确定哪些属于留居个体。夏季主要在山区林地繁殖；春秋迁徙季节数量较多，广布于山区及平原的林地、农田、灌丛、湿地等多种生境；冬季有部分个体在这些生境中越冬。

　　黄喉鹀胆子比较大，观察时只要人静止不动，它们常能在距离人三五米处自如活动。越冬期它们喜欢小群活动，觅食各种植物种子，有时也吃浆果。黄喉鹀经常出现在市区的公园中，游人稀少时会到路边草地里觅食，受到惊扰就飞至附近的灌丛中。有时它们在灌丛下觅食，发现可疑情况（比如有人靠近）后会飞到周围较高处的枝头查看，确认没危险后便很快恢复正常活动，是比较容易近距离观察的小鸟。

雄鸟

雌鸟

中文名索引

学名索引

Falco amurensis/100

Falco peregrinus/104

Falco subbuteo/102

Falco tinnunculus/098

Ficedula albicilla/232

Ficedula zanthopygia/230

Fringilla montifringilla/268

Fulica atra/116

Gallinago gallinago/122

Gallinula chloropus/114

Garrulax davidi/236

Grus grus/112

Halcyon pileata/150

Haliaeetus albicilla/086

Himantopus himantopus/119

Hirundo rustica/164

Ixobrychus sinensis/050

Jynx torquilla/156

Lanius cristatus/180

Lanius sphenocercus/182

Larvivora cyane/212

Luscinia svecica/210

Megaceryle lugubris/152

Melanocorypha mongolica/162

Mergellus albellus/077

Mergus merganser/078

Milvus migrans/084

Motacilla alba/170

Muscicapa griseisticta/228

Muscicapa sibirica/229

Netta rufina/072

Ninox japonica/139

Nycticorax nycticorax/048

Oriolus chinensis/184

Otis tarda/118

Otus sunia/132

Pandion haliaetus/080

Pardaliparus venustulus/258

Parus major/260

Passer montanus/265

Pernis ptilorhynchus/082

Phalacrocorax carbo/038

Phasianus colchicus/110

Phoenicurus auroreus/216

Phylloscopus inornatus/246

Phylloscopus proregulus/247

Pica pica/196

Picus canus/160

Podiceps cristatus/036

Poecile palustris/256

Pycnonotus sinensis/174

Regulus regulus/250

Rhopophilus pekinensis/240

Rhyacornis fuliginosus/218

Saxicola torquata/219

Sibirionetta Formosa/066

Sinosuthora webbiana/238

Sitta villosa/262

Spinus spinus/274

Streptopelia chinensis/126

Streptopelia orientalis/125

Strix aluco/136

Sturnus cineraceus/190

Tachybaptus ruficollis/032